과학은 어렵지만

양자 역학은 알고 싶어

과학은 어렵지만

양자 역학은 알고 싶어

요비노리 다쿠미 지음 | 이지호 옮김 | 전국과학교사모임 감수

한스미디어

양자 역학은 과학을 가르치고 있는 과학 교사도 이해하기 어려운 분야라는 인상이 강합니다. 뿐만 아니라 중·고교 교육과정 밖에 있는 분야여서 물리를 전공한 교사에게도 어렴풋하게 가물거리는 기억으로만 남아 있습니다. 그럼에도 양자 역학의 존재는 우리도 모르는 사이에 우리 주변에 가까이 와 있는 것 같습니다. 가끔이지만 미디어를 통해 양자 컴퓨터라든지 양자 전송이라는 단어들을 친숙하게 접하기도 합니다.

양자 전송을 양자 상태의 공간 이동이라 설명하는 과학자들을 보면서 순간 이동을 할 수 있는 때가 올 수도 있겠구나 하는 기대를 가졌습니다. 또한 양자 역학의 속성을 활용한 양자 컴퓨터는 일반 컴퓨터에 비해 계산 속도를 기하급수적으로 빠르게 증가시킬 수 있다고 합니다. 양자 역학이 앞으로 우리 생활을 얼마나 변화시킬지 상상하는 것만으로도 설레는 미래를 선물받은 것 같은 기분이 듭니다. 그런 면에서 까다로울 것만 같은 양자 역학에 한 걸음 더 다가갈 수 있도록 도와주는 이 책이 출간된 것은 참으로 반가운 일입니다.

이 책은 과학 전공자만 이해할 수 있는 어려운 개념 설명에서 벗어나 일반인들도 쉽게 양자 역학을 이해할 수 있도록 시도했다는 점에서 훌륭하다고 생각합니다. 일반인들이 어려워하는 수식 없이도, 눈에 보이지 않는 미시적인 양자의 세계를 상황과 그림 등을 이용하여 설명하고 있기 때문입니다. 수포자로 학창 시절을 보낸 '에리'라는 일반인과 쉽고 재미있게 강의한다는 호평을 받고 있는 다쿠미 선생님의 대화를 통해 일반인의 시각에서 양자 역학을 조명한 것이 이 책의 장점이라 여겨집니다. 그래서 과학에 대한 호기심과 배움에 대한 열정이 있는 분들은 물론, 이과적인 머리는 1도 없다고 생각하는 일반인들도 양자의 세계에 쉽게 입문할 수 있게 도와줄 것입니다.

특히 이과 계열 진학을 꿈꾸는 중·고교 학생들에게 양자 역학의 어려운 개념을 가볍게 정리해 주어 양자 역학을 더 깊이 공부하고 싶다는 마음이 생기게 해 주리라 믿습니다.

전국과학교사모임 남미란

수학이나 물리에 관한 주제를 단 60분 만에 어려운 수식 없이 해설하는 이 시리즈도 제4탄에 돌입했습니다. 시리즈 제1탄에서는 미적분, 제2탄에서는 상대성 이론, 제3탄에서는 확률·통계를 다뤘습니다. 그리고 이번에 다룰 주제는 바로 양자 역학입니다.

아마도 이 책을 손에 든 많은 분이 '양자 역학은 과학을 전공한 사람들이나 이해할 수 있는 거 아니야?'라고 생각하실 것입니다. 분명히 양자 역학은 이과 계열을 전공하는 대학생들조차도 그 난해함에 좌절하는 경우가 많은 학문입니다. 저 역시 "세상에 이런 걸 누가 이해하느냐고!"라며 화를 냈던 적이 있습니다. 그때는 참 어렸지요.

하지만 끈기 있게 공부를 계속하다 보니, 양자 역학의 난해

함은 대부분 언뜻 복잡해 보이는 수식에서 비롯된 것임을 깨닫게 되었습니다. 그리고 수식에 휘둘린 나머지 이렇게도 멋지고 매력적인 양자 역학에 다가가지 못하는 사람이 많다는 사실이 안타깝게 느껴졌습니다.

최근 들어 '양자 컴퓨터'라든가 '양자 전송' 같은 말을 뉴스에서 들을 기회가 많아졌습니다. 또한 최근에는 스마트폰이나 컴퓨터의 개발 등에 양자 역학의 지식이 당연하다는 듯이 활용되고 있지요.

이 책에서는 그런 친근한 사례를 소개하면서 수식을 전혀 사용하지 않고 양자 역학의 본질을 맛볼 수 있도록 설명했습니다. 틀림없이 '지금까지 이런 양자 역학 수업은 들어 본 적이 없어!'라고 생각하게 될 내용이라고 자부합니다.

이 책을 통해 독자 여러분의 '이과 두뇌'가 열리기를 진심으로 기원합니다.

요비노리 다쿠미

CONTENTS

제1장

양자 역학에서 중요한 '파동'의 개념

제2장
'이중성'이란 무엇일까?

제3장
'보면' 결과가 달라진다?

제4장
'터널 효과'란 무엇일까?

'불확정성'이란 무엇일까?

'양자 얽힘'이란 무엇일까?

양자 역학을 이용한 신기술

등장인물 소개

다쿠미 선생님

인기가 급상승 중인 교육 분야 유튜버 강사.
대학생과 입시생들로부터 이해하기 쉽고 재미
있게 강의한다는 호평을 받고 있다.

에리

제조 회사에서 영업직으로 일하는 20대 여
성. 자타가 공인하는 수포자로 학창 시절에
수학 시험에서 0점을 받은 적도 몇 번 있을
만큼 수학에 약하다. 그러나 다쿠미 선생님
의 여러 가지 강의를 듣고 이과 알레르기가
조금씩 약해지고 있다.

수식 없이도 양자 역학을 이해할 수 있다!

◎ '양자 역학'은 어렵지 않을까?

에리 씨, 오랜만에 뵙네요! 오늘은 '양자 역학'이라는 분야를 공부하겠습니다.

양자…역학이요? 뭐랄까, 이름부터가 "나 어려운 학문이오"라고 말하는 것 같네요…(진땀).

양자 역학이 주로 대학교에 들어간 뒤에야 배우게 되는 물리학인 것은 맞습니다. 본격적으로 공부하기 시작하면 높은 수준의 수학이 많이 등장하지요.

그런 학문을 저 같은 문과 출신이 이해할 수 있을까요?

 바로 그것이 이번에 제가 에리 씨에게 양자 역학을 소개해 드려야겠다고 생각한 계기랍니다!

 …선생님, 혹시 다른 사람의 고통을 즐기는 취미가 있으신가요?

 전혀 아닙니다(ᵕ). 사실 저는, 수식을 전혀 사용하지 않고도 양자 역학을 제대로 이해시켜 드릴 수 있거든요!

 네? 수식을 사용하지 않고 양자 역학을 이해할 수 있다는 말인가요?

 네. 수식을 사용하지 않아도 양자 역학의 본질을 이해할 수 있답니다!

 수식이 나오지 않는다면 이야기라도 들어 볼까요?

 일반적인 양자 역학 수업에서는 수학 부분이 나오자마

자 좌절하는 사람이 속출하는데, 그렇게 포기하고 끝내는 건 너무나도 안타까운 일입니다. 그래서 수식을 사용하지 않고 양자 역학에서 중요한 부분만 응축해서 설명해 드리자고 생각하게 되었지요.

양자 역학은
새 시대의 필수 교양!

선생님, 그런데 양자 역학은 무엇을 하는 학문인가요?

잘 생각해 보면 에리 씨도 양자 역학이라는 말을 어딘가에서 들어 본 적이 있으실 겁니다.

아, 그러고 보니 뉴스에서 '양자 어쩌고' 하는 용어를 본 것 같은 기억이….

혹시 '양자 컴퓨터'라든가 '양자 전송'이 아니었나요?

아, 맞아요! 그거예요! 하지만 그런 건 SF 소설이나 영화에서 나오는 거 아닌가요?

분명히 SF의 세계에서나 나올 법한 용어처럼 들릴지도 모르겠습니다. 하지만 둘 다 우리가 사는 현실 세계의 이야기이지요. 그런데 사실은 우리 주변, 예를 들면 에리 씨가 평소에 사용하는 물건 중에도 양자 역학의 지식이 사용된 것이 있답니다.

 네? 저도 양자 역학을 사용하고 있다는 말씀이신가요?

 가령 스마트폰이나 컴퓨터 같은 IT 기기에도 양자 역학의 지식이 활용되고 있지요.

 와, 저와 가까운 곳에서도 양자 역학이 사용되고 있었군요? 저는 그저 먼 미래의 이야기라고만 생각했어요.

 이제 조금은 흥미가 생기셨나요?

HOME
ROOM
3

'미시 세계'의
물리학

◎ 원자 또는 분자 세계의 물리학

 왠지 갑자기 친근감이 느껴지기 시작했어요!

 그 기분을 잊지 마시기 바랍니다! 양자 역학을 한마디
로 설명하면 '미시 세계'의 물리학이라는 표현이 가장
적합하다고 생각합니다.

 …미시 세계요?

 네. 양자 역학을 설명할 때의 키워드는 '미시(micro)'입니
다. 쉽게 말하면 엄청나게 작은 세계의 물리학이지요.

얼마나 작은 세계인가요?

 원자라든가 분자 수준의 세계입니다.

 원자나 분자의 물리학은 눈에 보이는 세계의 물리학과 어떤 점이 다른가요?

 에리 씨, 날카로운 질문이네요! 엄청나게 작은 세계를 깊이 연구하다 보니 기존의 물리학과는 다른 점이 보이게 되었답니다. 그 세계를 다루는 학문이 바로 양자 역학이지요.

◎ 양자 역학은 '보는 규모'가 다르다

 선생님, '기존의 물리학'이란 건 또 뭔가요?

 그러면 양자 역학을 소개하기에 앞서 물리학의 역사를 설명해 드리도록 하겠습니다.

물리학이라고 하면 역학, 전자기학, 열역학 같은 고등학교 과학 시간에 배우는 학문이 유명한데, 이런 학문들은 사실 19세기 시점에 이미 완성되어 있었습니다. 지금은 이 시기까지의 물리학을 '고전 물리학'이라고 부르지요.

'고전'이라면, 지금은 사용되지 않는다는 의미인가요?

그렇지는 않습니다. 우리가 일상 속에서 공을 던지거나 전기 또는 불을 사용할 때 일어나는 물리 현상에 관해서는 고전 물리학이 매우 정확한 결과를 이끌어내 주기 때문에, 지금도 고전 물리학은 팔팔한 현역으로 활약하고 있지요.

'낡아서 사용되지 않는 물리학'이라는 의미가 아니군요.

그렇습니다. 그 점에 유의하면서 계속 이야기를 들어 주시기 바랍니다!

'미시 세계'에서는
물리 법칙이 달라진다

◎ 예상 밖의 결과 속에 숨겨져 있었던
이 세상의 진리

앞에서 말씀하신 '아주 작은 세계에서 보이게 된, 기존의 물리학과는 다른 점'이란 대체 어떤 건가요?

그전까지 인류는 자신들이 손에 넣은 '고전 물리학'으로 이 세상의 온갖 물리 현상을 설명할 수 있다고 생각했었습니다. 하지만 '고전 물리학'으로는 설명하기 어려운 이상한 결과가 나오는 실험들이 몇 가지 있어서, 그 원인을 파고든 결과 눈에 보이지 않을 만큼 작은 미시 세계의 움직임에서 기인한 것임을 알게 되었지요.

그런 작은 세계의 움직임이 실험 결과까지 바꿔 버린다는 말인가요?

 그렇습니다. 본질적으로 미시 세계에서 일어나고 있는 일이 중요해지는 실험에서는 그전까지 인류가 손에 넣었던 물리학을 근거로 예상했던 것과는 다른 결과가 나타났습니다. 그래서 그 원인이 무엇인지 연구한 끝에 탄생한 학문이 바로 '양자 역학'입니다.

 그렇다면 물리학의 세계에서는 고전 물리학보다 양자 역학이 더 대단한 건가요?

 그렇지는 않습니다. 분명히 양자 역학은 기존의 고전 물리학보다 이 세상의 진리에 가까운 학문일지도 모릅니다. 하지만 앞에서 말씀 드렸듯이 우리 주변에서 일어나고 있는 거의 모든 현상은 고전 물리학으로 충분히 설명이 가능합니다. 그런 현상을 처음부터 양자 역학이라는 아주 작은 세계를 주된 대상으로 삼는 물리학으로 설명하려고 하는 것은 현실적이지 않지요.

다행이다…. 학창 시절에 받았던 물리학 수업도 시간

낭비는 아니었네요!

양자 역학을 공부하는 의미

◎ 고정관념을 버리는 훈련이 된다

하지만 '미시 세계에서는 물리 법칙이 달라진다'라는 것이 정확히 어떤 의미인지 잘 이해가 안 돼요.

이해가 안 되는 것도 무리는 아닙니다. 앞으로 양자 역학의 재미있는 점을 이것저것 알려 드릴 텐데, 그것이 에리 씨의 직감과는 일치하지 않는 경우도 있을 겁니다. 하지만 이것이야말로 양자 역학을 공부하는 가장 큰 의미이지요.

네? 그게 무슨 말씀이신가요?

새로운 발상을 받아들이는 훈련이 된다는 말입니다. 이전에 《과학은 어렵지만 상대성 이론은 알고 싶어》에서 에리 씨와 상대성 이론을 공부했을 때도 우리가 절대적이라고 생각했던 '시간'이라는 개념이 뒤집혔었지요? 그것과 마찬가지로 양자 역학에서도 우리가 경험적으로 친숙하게 여겼던 고전 물리학의 규칙이 뒤집힌답니다.

듣고 보니 상대성 이론에서도 시간이나 공간의 개념이 확 바뀌었던 기억이 나네요. 양자 역학에서도 같은 일이 일어난다는 말씀이신가요?

그렇습니다. 양자 역학이 다루는 '미시 세계'에서는 일상의 세계와 다른 현상이 많이 나타난답니다. 그렇기 때문에 일상생활에서 몸에 뱄던 고정관념을 버리고 새로운 발상을 받아들이는 훈련이 되지요.

흔히 '이과 사람은 발상이 유연하지 못하다'라는 인식이 있는데, 공부를 많이 한 이과 사람은 '직감과는 다른 것을 논리에 입각해서 받아들이는' 훈련이 되어 있다고 할 수 있습니다. 그런 의미에서는 오히려 발상이 유연한지도 모르지요.

그게 참 어려운 일이란 말이지요….

 가령 상대성 이론에서도 실험을 통해서 얻은 사실에 입각해 '시간은 절대적이지 않다'라는 도저히 믿기 힘든 결론을 받아들일 필요가 있었습니다. 그런 의미에서 생각하면, 이과 계열의 학문을 배우는 것은 '직감적으로는 믿기 힘든 결론을 사실에 입각해 받아들이는' 유연한 발상법을 손에 넣는 훈련이라고 할 수 있지요.

 그렇군요…. 사실을 외면하고 직감에만 의지할 때가 있는 제게는 중요한 훈련일지도 모르겠군요.

 그럴 수 있겠네요. 양자 역학을 공부하면서 딱딱하게 굳어 있는 생각의 틀을 유연하게 만드시기 바랍니다!

◎ 이 세계에서 일어나는 일들을 새로운 관점에서 바라볼 수 있게 된다

 발상이 유연해진다니 열심히 공부하고 싶은 마음이 생기기는 하네요. 그런데 대체 얼마나 충격적인 사실이 기다리고 있는 건가요?

굉장히 충격적이랍니다! 과학 시간에 물체를 던졌을 때의 궤도라든가 열이나 전기의 성질을 공부했을 때, '우리가 사는 세상은 이런 규칙에 따라서 움직이고 있구나!' 하고 감동했던 적은 없었나요?

뭐, 계산하는 것만 안 나온다면야…(진땀).

하지만 현재의 인류는 그보다 더 깊은 세계에 도달했답니다. 그것을 모르고 죽는다면 정말 안타까울 것 같지 않나요?

아니, 뭐 그 정도까지는…(ᵔ).

스포츠 경기도 규칙을 알고 보면 모르고 볼 때보다 훨씬 재미있지요? 그와 마찬가지로 이 세상의 규칙인 물리학을 더욱 깊이 이해한 다음 주변을 바라보면 그전까지는 전혀 깨닫지 못했던 재미있는 풍경이 눈앞에 펼쳐진답니다!

물리학을 공부하면 특별한 일이 없어도 삶 자체가 즐거워진다는 말씀이신가요?

 그렇습니다. 저를 보세요. 항상 즐거워 보이지 않나요?

 네, 뭐 그런 것도 같네요(ᵕ).

양자 역학의
4가지 포인트

◎ 입자와 파동의 성질을
함께 지니고 있는 '이중성'

 선생님, 서론은 이쯤 하고 어떤 내용인지 빨리 가르쳐 주세요!

 알겠습니다. 그러면 본격적인 수업을 시작하기 전에 양자 역학의 중요한 포인트를 가르쳐 드리겠습니다. 그 포인트는 모두 네 가지입니다.

1. 물질은 입자와 파동의 성질을 함께 지니고 있다
2. 관측하기 전까지는 실재를 생각하지 않는다
3. 위치와 속도는 동시에 결정되지 않는다
4. 에너지의 벽을 통과한다

순서대로 설명해 드리지요. 먼저 양자 역학이 다루는 미시 세계에는 '물질은 입자와 파동의 성질을 함께 지니고 있다'라는 신기한 특징이 있답니다.

 입자? 파동? 그게 뭔가요?

 '입자'가 무엇인지는 에리 씨도 대충 알고 계실 겁니다. 아래 그림처럼 표현할 수 있지요. 그리고 '파동'은 물결을 의미합니다. 물결은 이런 식으로 그릴 수 있지요.

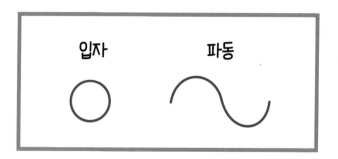

으음….

그런데 이거, 둘이 완전히 다르지 않나요?

 네. 이렇게 그리면 입자와 파동은 누가 봐도 명백히 다르지요. 하지만 미시 세계에서는 어떨 때는 입자, 어떨 때는 파동의 성질을 보이는 신기한 현상이 관측된답니다.

 그런 일이 있을 수 있나요?

 네, 그런 일이 일어난답니다. 어떨 때는 입자, 어떨 때는 파동의 성질을 지니는 것을 '양자'라고 부르기도 하지요.

 그 '양자'라는 것을 다루기 때문에 양자 역학이군요~.

◎ 관측하기 전까지는 '실재를 생각하지 않는다'

 다음으로, '관측하기 전까지는 실재를 생각하지 않는다'라는 특징이 있습니다.

네? …선생님, 한 번만 더 말씀해 주시겠어요? 무슨 말인지 잘 이해가 안 돼요(진땀).

 사실 잘 이해가 되지 않는 것이 당연합니다(^^). 이 특징을 '비실재성'이라고 부르는데, 양자 역학에서 가장 직감과 괴리가 큰 부분이라고 생각합니다.

 정말로 무슨 말인지 전혀 모르겠어요! 조금만 더 자세히 설명해 주세요!

 대략적으로 설명하면, '관측하기 전'에는 다음 쪽의 그림처럼 가능성이 넓게 펼쳐져 있는 상태입니다. 하지만 위치 등을 조사하기로 마음먹고 관측하면 그때까지 넓게 펼쳐져 있었던 가능성이 한 점으로 결정되는 식이지요.

 네?

 지금은 이 정도로만 설명하고 다음으로 넘어가도록 하겠습니다. 일단은 그런 신기한 일이 일어난다고만 기억해 두시기 바랍니다.

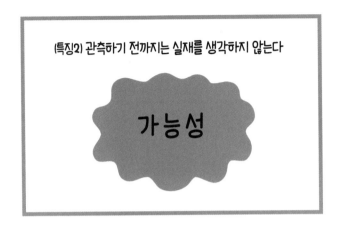

(특징2) 관측하기 전까지는 실재를 생각하지 않는다

가능성

◎ 위치와 속도가 동시에 결정되지 않는 '불확정성'

 다음은 '위치와 속도는 동시에 결정되지 않는다'라는 특징입니다.

 위치와 속도요? 동시에?

 일반적으로 우리는 누군가가 관측을 하든 말든 어떤 것이 어떤 위치에 있고 어떤 속도로 움직이고 있는지는 다 정해져 있다고 생각합니다.

맞아요. 투수가 던진 공을 쳐야 하는 야구 선수들은 특히 더 많이 의식할 것 같아요!

 고전 물리학의 세계에서는 '운동 방정식'이라고 부르는 식을 사용하면 이런 위치나 속도 등의 변화를 완전히 예측할 수 있습니다. 하지만 양자의 세계에서는 애초에 '위치는 여기, 속도는 이것'이라는 식으로 양쪽이 모두 결정된 상태가 될 수 없답니다.

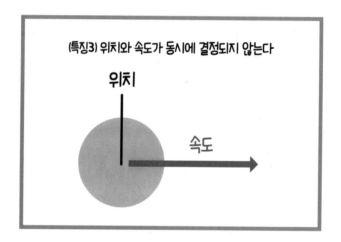

(특징3) 위치와 속도가 동시에 결정되지 않는다

위치

속도

 으으…. 벌써부터 굉장히 충격적이네요.

◎ 에너지의 벽을 통과하는 '터널 효과'

 선생님, 이 어려운 걸 제가 이해할 수 있을지 자신이 없어졌어요(┬┬).

 다음 특징은 명칭이 조금 귀엽습니다. '터널 효과'라는 것이지요.

 오! 조금 덜 어려워 보이는 용어네요!

 이것은 입자가 에너지의 벽을 통과하는 현상을 의미합니다.

 …에너지의 벽이요?

 산에서 정상 쪽으로 공을 굴리는 상황을 상상해 보면 좋을 겁니다. 이 경우 공은 산이 가진 위치 에너지의 벽을 느끼지요.

그래도 힘껏 굴리면 산을 넘을 수 있을 거예요!

 그렇습니다. 하지만 힘없이 데굴데굴 굴리면 공은 이 에너지의 벽을 넘지 못하고 원래의 장소로 돌아오겠지요? 그런데 미시 세계에서는 이 넘지 못해야 할 벽을 쏙 하고 통과해 버리는 일이 일어난답니다.

 와! 저도 해 보고 싶어요!

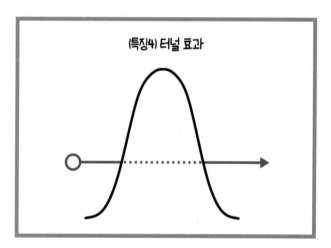

(특징4) 터널 효과

에리 씨도 미시 세계에서 관측될 만큼 작아진다면 가능할지도 모르겠네요(︶).

어쨌든 이런 현상을 '터널 효과'라고 합니다.

 전부 SF의 세계에서나 나올 것 같은 이야기들이네요….

 조금 믿기 힘든 이야기일지도 모르지만, MRI라든가 레이저 기술 등 지금 우리가 사용하고 있는 온갖 것들에 이런 현상이 이용되고 있답니다!

 MRI와 레이저에 이용되고 있다고요? 지금 우리에게 꼭 필요한 것들이잖아요!

 그렇습니다. 이처럼 양자 역학은 결코 먼 세계의 이야기가 아닙니다. 의외로 우리의 생활과 밀접한 관련이 있는 친근한 학문이지요. 이 점을 기억해 주셨으면 합니다.

제1장

양자 역학에서 중요한 '파동'의 개념

물리학의 '파동'은 어떤 것일까?

◎ '파동'의 성질을 알자!

 먼저 양자 역학의 첫 번째 포인트인 '입자와 파동'을 이해하기 위해 '파동'에 관해 생각해 보도록 하겠습니다.

 아까 파동은 물결을 의미한다고 하셨는데, 그렇다면 바다의 파도 같은 건가요?

 그렇습니다. 그 파도의 이미지가 매우 중요하지요. 이번 수업에서는 '물리학의 파동'이 가진 특징 전반에 관해 복습해 보겠습니다.

물리학의 파동…이요?

 먼저 아래의 그림을 보시기 바랍니다.

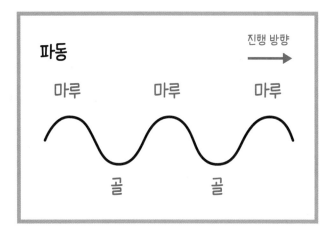

 파도는 이런 모양을 하고 있지요?

 네. 그림으로 그리면 대충 그런 식이에요.

 그러면 먼저 용어를 몇 개 확인하고 넘어가겠습니다. 파
동이라는 것은 이런 식으로 굽이치면서 앞으로 나아가
는데, 이때 위로 부풀어 오른 부분을 '마루', 아래로 부

풀어 오른 부분을 '골'이라고 합니다.

◎ '마루'와 '골'이 이동한다

 파동은 이 '마루'와 '골'이 미끄러지듯이 움직이는 것이라고 생각할 수 있지요.

 이건 저라도 직감적으로 '그렇구나'라는 생각이 드네요!

 본래 파동의 성질은 고등학교에서 몇 달에 걸쳐 공부하는 주제이지만, 지금은 양자 역학과 관계가 있는 부분으로만 범위를 좁혀서 대략적으로 설명해 드리겠습니다!

 네, 알겠습니다! 대략적으로 설명해 주셔도 돼요!

 에리 씨, 그렇게 기쁜 표정을 짓지는 말아 주세요(⌒).

파동의 성질①
'회절'

◎ 파동이 벽에 부딪칠 때

 양자 역학에서 중요한 파동의 성질은 딱 두 가지입니다.

 두 가지뿐이라면 저도 어떻게든 따라갈 수 있을 것 같아요!

 먼저 첫 번째 성질은 '회절'이라는 것입니다.

 …회절이 뭔가요?

 네, 다음 쪽의 그림을 봐 주십시오.

이것은 파동의 움직임을 위에서 내려다본 것입니다. 특별한 장애물이 없을 경우, 파동은 아래 그림처럼 똑바로 나아가겠지요.

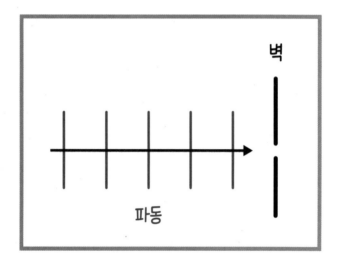

 그런데 에리 씨, 이런 작은 틈새가 있는 벽에 파동, 그러니까 물결이 부딪친다면 어떻게 될까요?

 방파제 같은 데서 볼 수 있는 광경이네요.

 그렇습니다.

으음…(진땀). 틈새를 통과해 버릴 것 같아요.

 말씀하신 대로입니다. 파동이 좁은 틈새가 있는 곳까지 오면 아래의 그림처럼 틈새를 지나 벽 뒤로 돌아 들어가는 현상이 일어나지요.

 틈새의 건너편에서는 퍼져 나가네요….

 이 현상을 '회절'이라고 합니다. 이것이 파동의 커다란 특징 중 하나이지요.

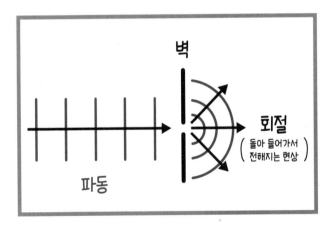

◎ 틈새를 돌아 들어가서 전해지는 현상

 틈새를 기점으로 돌아 들어가서 전해지는군요….

 참고로 이 현상은 우리가 집 안에서 스마트폰이나 컴퓨터를 사용할 때도 일어나고 있답니다.

 혹시 전파 말씀이신가요?

 정답입니다! 전파(電波)는 한자로 '전기의 물결'을 뜻합니다. 전기의 물결은 파동의 성질을 갖고 있습니다. 만약 이 성질이 없었다면 집 안에서 스마트폰을 제대로 사용할 수 없었을 겁니다. 가령 와이파이는 공유기로부터 조금 멀리 떨어진 방에서도 잘 연결되지요?

 아, 그러고 보니 와이파이 공유기가 있는 방이 아닌 다른 방에서도 와이파이를 문제없이 쓰고 있었네요.

 그 주된 이유는 전파가 문 등의 아주 작은 틈새를 회절하고 있기 때문이랍니다.

아하! 그런 곳에서 회절이 일어나고 있었군요!

 물론 금속 등으로 완전히 막혀 있다면 전파도 들어갈 방법이 없습니다. 엘리베이터를 탔을 때 문이 닫히니까 갑자기 전파가 잘 안 통했던 경험은 없으신가요?

 네, 있어요!

 회절이 가능한 틈새가 있다면 전파가 퍼져서 전해집니다. 그래서 건물 안으로도 전파가 잘 전해지는 것이지요.

LESSON 3

파동의 성질②
'간섭'

◎ 파동의 '보강 간섭'

 다음으로 소개해 드릴 파동의 성질은 '간섭'입니다.

 회절과 달리 뭔가 평범한 말처럼 들리네요.

 그렇습니다. 말 그대로 파동과 파동이 서로 영향을 끼치는 현상이지요. 구체적으로 말씀드리면, 파동의 중첩을 통해서 새로운 파형이 생기는 현상이랍니다.

 '중첩'은 또 뭔가요?

아래의 그림을 봐 주세요.

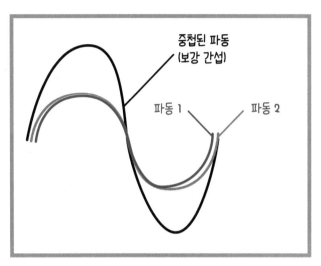

중첩된 파동
(보강 간섭)

파동 1   파동 2

 파동과 파동이 좌우에서 다가와 부딪치자 그곳에 더 큰
파동이 생겼지요?

 이걸 보니까 어렸을 때 친구들하고 했던 줄넘기 놀이가
생각나네요! 그 시절이 그리워요(ㅇㅅㅇ)!

 이것이 파동의 물리학에서 말하는 '간섭'이라는 현상입
니다. 그리고 이 그림처럼 파동이 더 커지는 것을 '보강 간섭'이라고 하지요.

마루와 마루나 골과 골이 부딪치면 파동이 보강되는군
요!

그렇습니다. 파동의 중심부터 '마루'나 '골'까지의 폭을
'진폭'이라고 부르는데, 파형이 같은 파동의 '마루'와 '마
루', '골'과 '골'이 부딪치면 진폭의 크기는 2배가 되지요.

이건 직감적으로 이해가 되네요!

그러면 이번에는 정반대의 패턴을 살펴보겠습니다.

◎ 파동의 '상쇄 간섭'

정반대의 패턴이요?

네. '보강 간섭'은 마루와 마루, 골과 골이 부딪쳤을 때
일어나는 현상이었는데, 이번에는 '마루'와 '골'이 부딪쳤
을 때를 생각해 보겠습니다.

이번에는 '마루와 골'의 중첩이란 말씀이시군요!

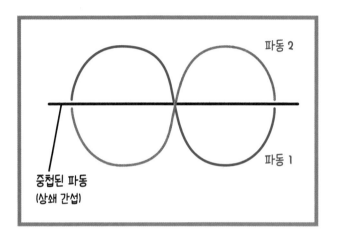

파동 2

중첩된 파동
(상쇄 간섭)

파동 1

 네. 파형이 같은 파동의 마루와 골이 겹칠 경우, 진폭은 0이 된답니다.

 둘이 상쇄되어 버렸네요!

 그렇습니다. 그래서 이런 현상을 '상쇄 간섭'이라고 부르지요.

 알기 쉬운 명칭이네요.

이 현상은 이어폰이나 헤드폰의 노이즈 캔슬링 기능에 활용되고 있답니다.

 노이즈 캔슬링 기능은 저도 출퇴근할 때 유용하게 사용하고 있어요!

 외부에서 들어온 '음파(소리의 파동)'와 반대의 음파를 부딪히게 해서 소리를 없애는 것이 노이즈 캔슬링의 원리이지요.

 그렇군요!

 최근의 노이즈 캔슬링 기능은 정말 대단할 정도입니다. 한겨울에 방에서 노이즈 캔슬링 기능이 있는 이어폰을 끼고 있다가 방 안에서 아무 소리도 들리지 않아서 온풍기가 꺼졌다고 생각하고 무심코 리모컨 작동 버튼을 누르는 바람에, 실제로는 켜져 있었던 온풍기를 꺼 버린 적이 있었지요. 덕분에 얼어 죽을 뻔했답니다(⌒⌒).

 선생님, 온도는 귀가 아니라 피부로 느끼셔야죠(⌒⌒).

◎ 두 점에서 파동이 발생했을 때

 간섭에 관해서 좀 더 깊이 이해하기 위해 한 가지 실험을 생각해 보겠습니다. 먼저 목욕탕을 상상해 보시기 바랍니다.

 네? 선생님, 왜 갑자기 목욕탕이죠?

 저는 목욕탕에서 둘째손가락 두 개를 수면에 참방참방 집어넣으면서 노는 걸 좋아하거든요. 그러면 수면에 손가락을 집어넣은 곳에서 다음 쪽의 그림처럼 원형으로 파동이 퍼져 나가는데, 물리학에서는 이때 손가락을 집어넣은 점을 파원이라고 합니다.

 네? 선생님은 목욕탕에서도 물리학 실험을 하세요?

 물리학 실험은 어디에서든 할 수 있거든요!

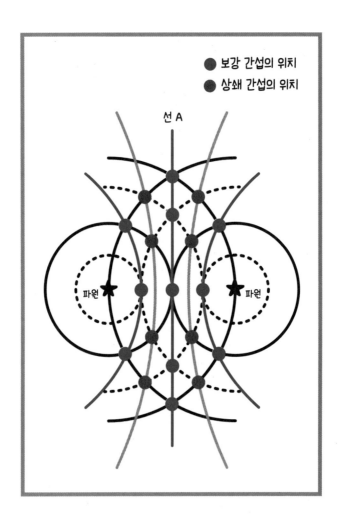

 역시 모범적인 선생님이시군요….

여기에서는 양 손가락을 동시에 넣었다고 가정하겠습니다. 이때 양쪽에서 원형으로 퍼져 나가는 파동은 앞쪽의 그림처럼 확대되어 갑니다.

실선 부분이 마루, 점선 부분이 골이라고 하면 가령 파원과 파원의 중간 지점에서는 파동의 마루와 마루 혹은 골과 골이 부딪혀서 보강 간섭이 일어나 크게 진동하게 되지요.

 상쇄 간섭도 일어나나요?

 물론입니다. 가령 그림의 실선 부분과 점선 부분이 부딪치는 지점에서는 상쇄 간섭이 일어나지요.

 그러네요. 실선은 마루이고 점선은 골이니까요!

 맞습니다. 그 밖에도 두 파원의 중심을 지나가는 선 A 위에서는 반드시 양쪽에서 같은 타이밍에 파동이 오기 때문에 마루는 마루, 골은 골과 부딪혀서 보강 간섭이 일어나지요.

그런데 중심을 지나가는 선 위가 아닌 곳에서도 보강 간섭이 일어나는 이유는 뭔가요?

 좋은 질문입니다. 그것은 왼쪽에서 온 파동과 오른쪽에서 온 파동에 '파장 1개분의 차이'나 '파장 2개분의 차이' 등이 있기 때문이랍니다.

 그렇군요! 가령 왼쪽의 파원에서 오는 파동이 '마루→골→마루'이고 오른쪽의 파원에서 오는 파동이 '마루→골→마루→골→마루'인 장소에서도 결국은 마루와 마루가 부딪히게 되니까요!

 바로 그겁니다! 에리 씨도 집에서 목욕할 때 꼭 실험해 보시기 바랍니다!

 네? 아, 네…. 생각해 볼게요(˘̩̩̩).

제2장

'이중성'이란
무엇일까?

'빛'은 입자일까,
파동일까?

 파동의 특징을 이해했으니, 이번에는 '빛이란 무엇인
가?'에 관해 생각해 보도록 하겠습니다!

 …빛이요? 빛이라면 상대성 이론에서도 나오지 않았던
가요?

 맞습니다! 이번에도 빛에 주목해 봅시다.

 물리학에서는 빛이 굉장히 중요한가 봐요.

 옛날 사람들은 '빛은 입자인가, 파동인가?'라는 주제를
놓고 치열한 논쟁을 벌였습니다.

냉장고에 있었던 푸딩을 누가 먹었는지를 놓고 논쟁을
벌이는 저와는 수준이 완전히 다르네요….

 그러네요(⌒).

 그런데 빛이 입자인지 파동인지는 어떻게 판단하나요?
빛을 현미경으로 들여다본다고 해서 알 수 있는 것도
아닐 테고….

 우리 인류는 그럴 때 아주 유용한 무기를 가지고 있습
니다. 바로 '실험'이지요.

◎ 빛의 간섭

 실험으로 그런 것도 알 수 있나요?

 네, 바로 그것이 물리학의 흥미로운 점이지요! 그러면
1801년경에 실시된 '영의 실험(Young's experiment : 영국
의 과학자 토마스 영(Thomas Young)이 이중 슬릿을 이용하여 간
섭실험을 하였고, 간섭무늬 간격으로부터 빛의 파장을 처음으로

측정할 수 있었던 실험이다)'이라는 것을 소개해 드리겠습니다!

 선생님, 갑자기 왜 이렇게 신이 나셨어요?

 먼저 아래 그림을 봐 주시기 바랍니다. 빛을 발하는 광원과 스크린이 있고, 그 사이를 차단하는 형태로 틈새를 한 개 뚫어 놓은 벽A와, 같은 틈새를 두 개 뚫어 놓은 벽B를 놓습니다. 앞으로는 이 틈새를 '슬릿'이라고 부르도록 하겠습니다.

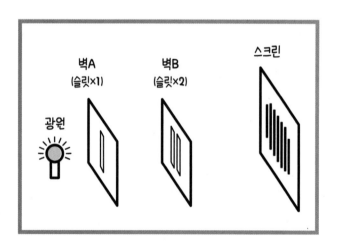

장치는 매우 단순하네요!

 그렇지요? 생각해 보면 당연한 것이 200여 년 전에 실시된 실험이니까요. 어쨌든 이 실험을 했더니 스크린에 줄무늬 모양의 명암이 떠올랐습니다.

 네? 밝은 곳과 어두운 곳이 생겼다는 말인가요? 무슨 일이 일어난 거죠?

 이 결과는 빛이 파동이라고 생각하면 설명이 가능하답니다.

다음 쪽의 그림은 이 실험을 위에서 내려다본 것입니다. 먼저 벽A의 슬릿에 부딪친 빛은 '회절'을 합니다. 뒤로 돌아 들어가서 원형으로 펴져 나가지요. 그리고 벽B의 슬릿에 부딪쳤을 때 각각의 슬릿에서 또 '회절'을 합니다. 그래서 두 슬릿의 위치가 파원이 되어 스크린을 향해 빛이 원형으로 펴져 나가는 것이지요.

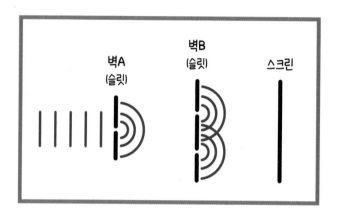

 회절이 대활약하네요!

 그렇습니다. 그리고 지금부터가 정말 재미있는 부분입니다. 빛에도 일반적인 파동과 마찬가지로 마루와 골이 있어서 그것들이 보강 간섭이나 상쇄 간섭을 일으킨다고 가정하면, 두 파원으로부터의 거리에 따라 스크린 위에 보강 간섭을 일으키는 위치나 상쇄 간섭을 일으키는 위치가 존재할 것입니다.

 목욕탕에서 손가락으로 실험했을 때와 마찬가지네요!

 맞습니다. 가령 두 파원으로부터의 거리가 같은 스크린

의 한가운데에서는 반드시 파동의 타이밍이 일치하기 때문에 '보강 간섭'이 일어납니다.

그 밖에 파장 1개분의 차이가 있는 위치, 파장 2개분의 차이가 있는 위치 등도 위와 아래에 각각 한 곳씩 있을 것입니다. 그런 위치에서도 '보강 간섭'이 일어나겠지요.

맞아요! 저도 기억하고 있어요!

그 위치를 정확히 계산한 결과, 실제로 보강 간섭이 일어나는 위치에서는 빛이 밝아지고 상쇄 간섭이 일어나는 위치에서는 빛이 어두워진다는 것을 알게 되었답니다.

계산 결과와 실험 결과가 일치했군요! 멋지다….

에리 씨도 슬슬 흥미가 생기시는 모양이군요. 이렇게 해서 생긴 명암의 줄무늬를 간섭무늬라고 한답니다.

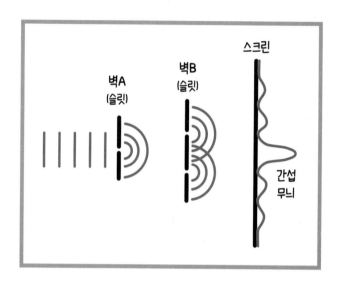

여기에서 중요한 점은 이 계산이 어디까지나 '빛은 파동이며, 따라서 회절과 간섭이라는 현상이 일어난다'라는 전제일 때 성립한다는 것입니다.

 앗, 깜빡할 뻔했어요.

 다시 말해 이 실험은 '빛은 파동이다'라는 주장을 뒷받침하는 것이지요.

 그렇군요! 빛은 파동이었어요!

그렇습니다! 사소한 것이지만, 지금은 일단 '빛은 파동성을 가진다'라는 표현 정도에 그치도록 하겠습니다.

LESSON 5

입자와 파동의
'이중성'

◎ 만약 빛이 입자였다면?

 그 말씀, 뭔가 복선을 깔아 놓으신 것 같은데요….

 윽, 날카로우시네요…. 그렇게 말씀드린 데는 분명한 이유가 있습니다. 그 이유를 설명하기 위해, 이번에는 전자를 이용해서 영의 실험을 실시해 보겠습니다. 드디어 양자 역학의 시작입니다!

 와! 드디어 양자 역학 강의가 시작되는군요! 그런데 전자는 입자잖아요? 영의 실험은 파동에 대해서 하는 것이고요.

그런 차이점을 잘 기억하면서 일단 제 설명을 들어 주세요!

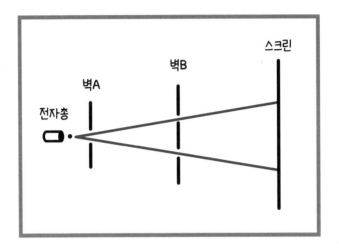

먼저 전자를 한 개씩 쏠 수 있는 '전자총'을 준비하고, 스크린에는 전자가 부딪힌 위치가 빛을 내도록 특수한 처리를 합니다. 그런 다음 첫 번째 슬릿을 통과하도록 전자를 잔뜩 쏘면 스크린은 어떻게 될까요?

 전자가 부딪힌 위치가 하나하나 빛을 내지 않을까요?

 맞아요. 그렇다면 어떤 위치에 전자가 많이 나타날까요?

음…. 일반적인 총에서 총알이 발사되는 경우를 상상하면, 전자는 첫 번째 벽에 있는 슬릿과 두 번째 벽에 있는 두 슬릿을 연결하는 직선상으로만 날아가지 않을까요? 다른 곳으로 날아간 전자는 벽에 부딪칠 테고요.

 예리하십니다! 분명히 전자가 총알처럼 입자의 형태를 띠고 있다면 에리 씨께서 말씀하셨듯이 스크린 위의 두 점에서 전자의 흔적이 집중적으로 발견되어야 할 겁니다.

 역시 그렇군요!

 그런데 실제로 전자를 발사해 보니 다른 결과가 나왔답니다. 실제 실험의 결과를 보여드리지요.

 어…, 이거 맞아요? 이게 대체 어떻게 된 거지….
뭔가 줄무늬 같은 게 나타났어요!

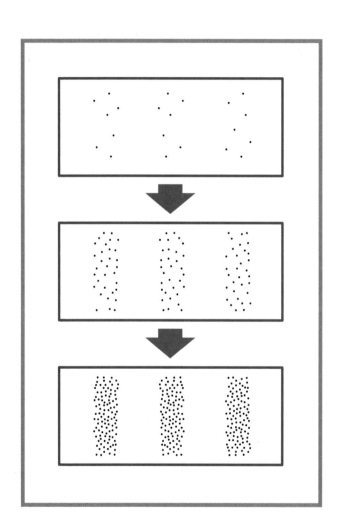

그렇습니다. 이 줄무늬, 어디선가 본 기억이 있지 않나요?

 아, 이거 간섭무늬네요! 하지만 그건 빛이 파동이라 회절과 간섭이 일어나서 나타난 무늬가 아니었던가요?

 그렇습니다. 요컨대 전자가 파동의 성질을 보였다는 뜻이지요.

◎ 입자와 파동의 '이중성'

 하지만 전자는 입자라고 배웠는데….

 분명히 전자를 입자라고 생각했을 때 설명이 가능한 현상이나 실험이 많은 것은 사실입니다. 실제로 스크린 위에 나타난 흔적도 입자 형태의 점이고요. 하지만 슬릿을 통과하는 동안에는 파동이라고 생각해야 이 현상을 제대로 설명할 수 있지요. 어떨 때는 입자의 성질이 나타나고, 또 어떨 때는 파동의 성질이 나타나는데, 이것을 '입자와 파동의 이중성'이라고 부릅니다.

세상에 그런 게 어디 있어요…(ㅜㅜ).

 분명히 직감적으로는 이해되지 않는 일이지만, 물리학에서 중요한 것은 실험에서 얻어진 사실이랍니다. 믿을 수 없는 결과가 나왔다면 버려야 할 것은 사실이 아니라 우리의 취약한 직감이지요.

 이것이 직감과는 다른 사실을 논리에 입각해서 받아들여야 하는 대목이군요.

 이 실험은 '입자와 파동의 이중성'이라는 사실을 너무나도 이해하기 쉽게 보여주기 때문에 세계에서 가장 아름다운 실험으로 불린답니다.

 분명히 결과를 보면 '입자와 파동의 이중성'이라는 게 굉장히 쉽게 이해되기는 해요.

 참고로 말씀드리면, 이 '입자와 파동의 이중성'은 전자뿐만 아니라 빛을 포함한 미시 세계의 모든 것이 지니고 있는 성질임이 밝혀졌습니다.

아하! 그래서 아까 "빛은 파동성을 가진다"라고 모호하

게 말씀하셨던 것이군요!

'파동'을 통해서 전자의 존재 확률을 생각한다

◎ '파동 함수'란?

입자와 파동의 이중성이라…. 뭐랄까, 굉장히 편리한 성질이네요.

이 두 가지 특징을 갖는 것을 '양자'라고 부릅니다. 그리고 이번에는 '파동 함수'라는 것을 소개해 드리겠습니다. 물리학에는 '프사이(ψ)'라는 기호를 사용해서 표시하는데요….

으아~. 또 어려워 보이는 게 나왔네…(진땀).

에리 씨, 진정하세요! 이건 그냥 기호일 뿐이에요! 수학이나 물리학에서는 문장을 짧고 보기 쉽게 표현하려고 기호를 사용한답니다. 긴 용어를 줄임말로 적는 것과 다를 게 없어요!

 하지만 기호가 나오면 계산식도 나오잖아요….

 계산식은 안 나옵니다! 기호만 소개한 거예요! 전부 말로 설명해 드릴 테니 긴장 안 하셔도 돼요! 파동 함수 ψ는 '전자의 존재 확률을 나타내는 파동'입니다.

 확률을 나타내는 파동이요?

 먼저 전자총에서 발사된 전자는 '파동'으로서 벽A의 슬릿을 회절해 벽 뒤쪽으로 나아갑니다. 그리고 벽 B의 두 슬릿을 그 '파동'이 통과해, 스크린 위에 그것들이 중첩된 '파동'이 생겨나지요. 여기에서 말하는 '파동'은 파동 함수라는 것으로 표현되는데, 인류는 이것이 전자의 존재 확률을 의미한다는 사실을 깨달았답니다.

◎ 전자를 '발견'할 수 있을 확률

 그 파동 함수라는 걸 계산하면 전자가 발견되는 장소를 알 수 있는 건가요?

 '발견되는 장소를 정확히 알 수 있는 것은 아니고, '확률'을 알 수 있습니다. 좀 더 엄밀히 말하면, 다음과 같이 파동 함수 'ψ'의 절댓값의 제곱이 확률을 나타내지요.

$$|\psi|^2$$

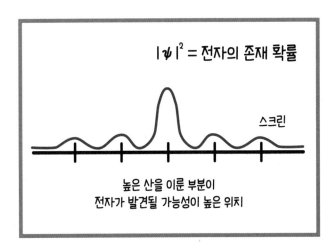

$|\psi|^2$ = 전자의 존재 확률

스크린

높은 산을 이룬 부분이
전자가 발견될 가능성이 높은 위치

절댓값의 제곱이요?

 왜 절댓값인지는 설명해 드리기가 조금 어려우니까, 여기에서는 단순히 '제곱'이라고만 생각하셔도 무방합니다.

 네, 알겠어요! 그런데 왜 제곱을 하는 건가요?

 제곱을 하기 전의 파동 함수는 장소에 따라 플러스의 값을 갖기도 하고 마이너스의 값을 갖기도 하는데, 확률을 의미하려면 어디에서나 0 이상이어야 하기 때문이지요.

 아! 그러고 보니 $(-2)^2=4$, $(-3)^2=9$처럼 제곱을 하면 마이너스였던 숫자도 플러스가 되네요!

 그렇습니다! 앞 페이지의 그림은 이 '$|\psi|^2$'을 그래프로 나타낸 것인데, 실제로 이 값이 큰 장소에서 전자가 많이 관측된답니다.

 계산대로 결과가 나오는군요! 멋지다!

멋지지요?

◎ 파동 함수의 수축

 하지만 스크린 위에서 발견될 때는 일반적인 입자처럼 어떤 한 점에서 발견되잖아요? 그전까지 파동으로 전해 졌는데 발견될 때는 입자라니, 뭔가 신기해요.

 좋은 생각입니다! 스크린의 역할은 '전자의 위치를 관 측하는 것'인데, 전자는 그 위치가 관측되기 전까지 다 양한 장소에 있을 '가능성'이 있습니다.

 그 '가능성'의 크고 작음을 나타내는 것이 파동 함수이 고 확률이라는 말씀이신가요?

 그렇습니다. 스크린에 도달하기 전까지 전자는 다양한 장소에 있을 가능성을 지니고 있습니다. 하지만 실제 로 그 장소가 관측되면 어떤 한 점에서 발견되고 다른 장소에 있을 확률은 0이 되는 것이지요. 파동처럼 퍼져 나갔던 가능성이 그 한 점에 집약되는 듯이 보인다고

해서 이것을 '파동 함수의 수축'이라고 부른답니다.

그런 일도 일어날 수 있군요. 신기하네….

정말 신기한 일이지요. 하지만 이것은 주사위를 굴려서 어떤 눈이 나오는지를 확인하기 전까지는 각각의 눈이 나올 확률이 1/6이며, 실제로 관측을 하면 어떤 점의 확률은 1이 되고 나머지 눈의 확률은 0이 되는 것과 같습니다.

그 비유를 듣고 나니 이해하기가 쉽네요!

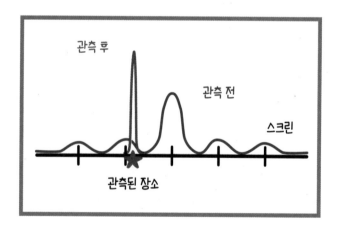

여기에서는 자주 사용되는 '존재 확률'이라는 용어를 사용했지만, 이것은 실제로 전자가 어떤 한 점에 존재하고 있으며 그 위치를 우리가 모를 뿐이라는 의미가 아닙니다. 본질적으로 다양한 가능성이 펼쳐져 있기 때문에, 오해를 피하기 위해서는 '발견 확률'이라고 부르는 편이 적합할지도 모른다는 것이지요. 어디까지나 위치를 관측하기 전까지는 '사실은 어떤 위치에 있었는가?' 같은 확정적인 생각을 할 수 없다는 말입니다.

제3장

'보면' 결과가
달라진다?

LESSON 7

'관측'이 '결과'에
영향을 끼친다

◎ 간섭무늬는 '관측하면 사라진다'

양자 역학의 세계에서는 '관측'이 매우 중요하네요.

맞습니다. 그러면 재미있는 사실 한 가지를 소개해 드리
겠습니다.

재미있는 사실이 아직도 남아 있군요!

오른쪽 페이지의 그림처럼 벽B의 슬릿 뒤쪽에 전자가
통과했는지 통과하지 않았는지 검출할 수 있는 감시 카
메라 같은 것을 설치했다고 가정해 보겠습니다.

오호! 그렇게 하면 실제로 전자가 어느 쪽 슬릿을 통과 했는지 밝혀낼 수 있겠군요!

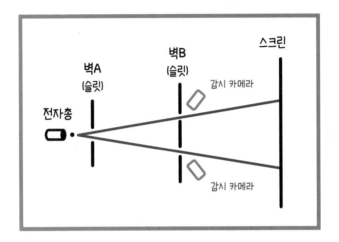

 그렇습니다. 에리 씨, 완전히 탐정 모드가 되셨네요(⌣).

 헤헤(부끄럼). 그게, 아까부터 "두 슬릿을 통과한 파동 은~"이라는 말을 들을 때마다 뭔가 석연치가 않았거 든요! 틀림없이 어느 한쪽 슬릿을 통과했을 텐데 말이 에요!

 그런 생각을 소중히 간직하시기 바랍니다. 실제로 이 실험을 실시하면 분명히 어느 한쪽의 감시 카메라가 전자를 검출합니다.

역시 그렇군요!

하지만 그 순간 스크린에 간섭무늬가 생기지 않게 되지요.

네?

놀랍지요?

◎ '관측'이 '결과'에 영향을 끼친다

…저기요? 죄송한데, 지금 말씀하신 게 잘 이해가 안 돼요.

중요한 것이니 다시 한번 말씀드리지요. 그러니까, 다음과 같이 정리할 수 있습니다.

> **[어느 쪽 슬릿을 통과했는지…]**
> **1. 보지 않으면 간섭파가 생긴다.**
> **2. 보면 간섭파가 생기지 않는다.**

 이게 뭐예요? 어느 쪽 슬릿을 통과했는지를 '봤느냐, 안 봤느냐'에 따라서 실험 결과가 달라진다는 말인가요?

 그렇습니다! 요컨대 양자 역학에서는 "관측이 결과에 영향을 끼친다"라고 말할 수 있지요.

 관측이…, 결과에? 그게 대체 무슨 말인가요?

 좀 더 정확히 표현하자면, '어느 쪽을 통과했는가?'라는 '정보'가 스크린 위에 검출되는 전자의 위치라는 '결과'에 영향을 끼친다는 말입니다.

 마치 전자가 "보면 안 돼! 알았지?"라고 말하는 것 같네 요….

은혜 갚은 두루미 같아서 귀엽지요?

 (역시 감성이 참 독특하셔…)

 지금 무슨 일이 일어났는지에 관해 조금 더 자세히 설명해 드리면, 어느 쪽 슬릿을 통과했는지를 관측함에 따라 '양쪽 슬릿을 통과했다'라는 가능성이 사라져 버린 것입니다.

 그렇군요…. 한쪽 슬릿만을 통과했다면 파동의 간섭은 일어나지 않으니까요. 아! 그런데 감시 카메라의 스위치를 꺼 버리면 어떻게 되나요?

 간섭무늬가 부활합니다.

 헉! 그곳에 물체가 있느냐 없느냐가 아니라, 정말로 봤느냐 안 봤느냐가 중요하군요!

◎ '정보가 남는가 남지 않는가'가 중요

 사실은 더 신기한 일도 있답니다!

 (더 신기할 걸 받아들일 수 있을지 자신이 없는데…)

 이번에는 감시 카메라의 스위치는 켜 놓되 나중에 그 기록이 지워져 버리는 상황을 생각해 보겠습니다.

 그런 게 가능한가요?

 실제로 감시 카메라를 사용하는 것은 아니지만, 본질적으로 같은 방식의 실험 장치를 만들 수는 있습니다.

 그렇군요. 하지만 관측은 하니까 간섭무늬가 사라지겠지요?

 간섭무늬는 다시 나타난답니다.

 네? 왜 그런 거죠?

아무래도 양자의 세계에서는 관측을 했느냐 하지 않았느냐가 아니라 정보가 남는가 남지 않는가가 본질에 가까운 모양입니다.

이처럼 일단 관측한 정보를 지우는 실험을 '양자 지우개 (Quantum Eraser)'라고 부릅니다. 굉장히 신기한 결과이지만, 이것도 양자 역학의 재미있는 측면이지요.

 관측하는 것 자체가 아니라 '알려지는 것'이 영향을 끼친다는 말이군요.

 그렇습니다. '관측에 따른 영향'이 아니라 '정보를 얻는 것'이 본질인 것이지요. 머릿속에서 이미지를 그리기가 굉장히 힘들겠지만, 이것이 이 세계의 진실입니다.

제4장

'터널 효과'란
무엇일까?

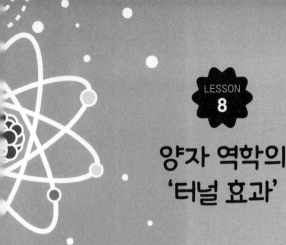

양자 역학의
'터널 효과'

◎ 전자가 벽에 부딪쳤을 때

이제 양자 역학의 신기한 특성에 좀 익숙해지셨나요?

글쎄요…. 파동이기도 하지만 입자이기도 하고, 관측이나 정보가 중요하고…. 하나같이 신기한 것들이라 정말 깜짝 놀랐어요.

다음에는 터널 효과라는 신기한 현상에 관해 설명해 드리겠습니다.

오…. 이번 건 이름만 봐서는 왠지 이해하기가 조금 쉬

울 것 같아요.

먼저 에리 씨가 이미지를 파악할 수 있도록 일반적인 파동을 생각해 보겠습니다.

또 파동으로 돌아가는 건가요?

일단 양자 역학은 잊어버리고 '전파'를 생각해 봅시다. 휴대폰이나 무선 통신에서 사용하는 그것입니다.

갑자기 친근하게 느껴지네요!

전파는 한자를 봐도 알 수 있듯이 '파동'인데, 벽에 부딪쳤을 때 그 벽이 전파를 통과시키는 소재라면 그중 일부가 벽을 통과합니다.

그러고 보면 휴대폰을 쓸 수 있는 방도 있지만 쓸 수 없는 방도 있기는 해요.

그렇습니다. 다음 쪽의 그림처럼 벽을 통과하는 현상을

투과라고 합니다. 파동에는 회절이라는 성질과 함께 투과라는 성질도 있기 때문에 집 안에서 휴대폰 등을 사용할 수 있는 것이지요.

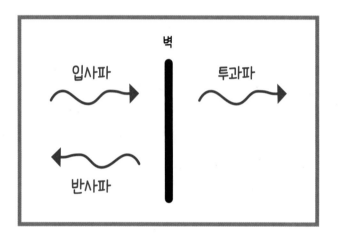

 하지만 전파가 전부 투과되는 것은 아니지요?

 말씀하신 대로입니다. 벽에 부딪친 전파 중 일부는 반사되지요. 이것도 직감적으로 알고 있는 사실일 것입니다.

 네, 저도 무의식적으로 실감하고 있어요!

◎ 통상적인 세계의 '에너지의 산'

 이번에는 이 전파와 같은 현상이 같은 파동의 부류라고 생각되는 파동 함수에서도 일어난다는 이야기를 해 드리고 싶습니다.

 양자 역학의 '투과'가 '터널 효과'라는 말씀이신가요?

 그렇습니다. 상상하기 쉬운 예를 통해서 이미지를 파악해 보도록 하지요.

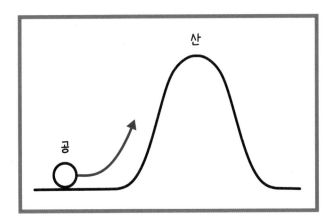

 이번에 생각할 '벽'은 '에너지의 벽'입니다. 공이 산을 데굴

데굴 굴러서 올라가는 모습을 상상해 보시기 바랍니다.

네! 쉽게 상상할 수 있어요!

아주 좋습니다. 이 공이 산 위로 올라감에 따라 운동 에너지가 위치 에너지로 바뀌어 간다는 것을 학창 시절에 배우셨을 텐데, 기억이 나시나요?

선생님께서 롤러코스터를 예로 들면서 가르쳐 주셨던 기억이 나는 것도 같아요!

만약 운동 에너지가 부족하다면 공은 위치 에너지의 산을 넘지 못하고 도중에 다시 원래의 위치로 돌아가 버립니다. 이것이 고전적인 물리학의 세계, 그러니까 우리의 일상에서 일어나는 일이지요.

◎ 에너지의 벽을 확률적으로 투과한다

장애물 달리기에서 경사 담장을 넘을 때도 속도가 중요

하더라고요!

 좋은 예시네요(ᵔ). 그런데 양자의 세계에서는 이 벽을 넘을 수 있는 에너지가 없어도 마치 벽을 투과하는 전파처럼 파동 함수가 투과해 버린답니다!

 저도 왠지 그럴 것 같다고 생각했어요(ᵔ)!

 아래의 그림을 봐 주십시오.

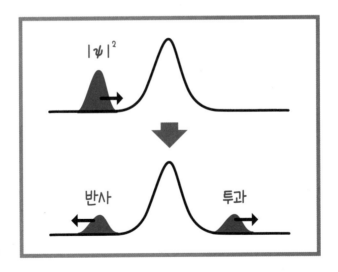

파동 함수의 절댓값의 제곱($|\psi|^2$)은 발견 확률을 나타내는 것이었습니다. 이것이 벽에 부딪치면 일부는 투과하고 일부는 반사되는 현상이 일어나지요.

 전자가 에너지의 벽에 부딪치면 둘로 나뉘나요?

 아까 말씀 드렸던 양자의 개념을 떠올려 보세요. 두 슬릿을 통과할 때도 그랬지만, 실제로 전자가 쪼개지는 것이 아닙니다.

 아, 맞다! 가능성이 둘로 나뉠 뿐이었지요?

 맞습니다. 어디까지나 가능성이 나뉠 뿐이지요. 그래서 에너지의 벽의 왼쪽과 오른쪽에 전자를 검출하는 장치를 설치한 다음 전자를 하나만 발사하면, 어떤 확률로 왼쪽에서 검출되고 또 어떤 확률로 오른쪽에서 검출됩니다.

 양자 역학에서 알 수 있는 건 정말로 '확률'뿐이군요.

실제로 전자를 방출했을 때 넘을 수 없는 에너지의 산을 통과해 반대편에서 전자가 발견되는 경우가 있기 때문에 이것을 '터널 효과'라고 부르는 것입니다.

'터널 효과'와
태양의 관계

◎ 태양에서도 '터널 효과'가
일어나고 있다?

 터널 효과라는 명칭의 유래와 그것이 어떤 현상인지까지는 이해했어요. 그런데 그게 정말로 일어나고 있는 일인가요?

 사실은 '태양'에서도 일어나고 있답니다.

 네? 태양에서도 일어나고 있다고요?

 태양이 핵융합을 통해서 에너지를 만들어내고 있다는

사실을 알고 계신가요?

 그, 그 정도는 뭐 저도…(진땀).

 태양은 핵융합 반응으로 그런 엄청난 에너지를 만들어 내고 있는데, 사실은 태양이 에너지를 만들 때 터널 효과가 반드시 필요하답니다.

◎ 태양에서 일어나고 있는 '핵융합 반응'이란?

 네? 그런가요?

 태양의 핵융합에는 네 개의 양성자가 필요하지만, 이해하기 쉽도록 두 개만 가지고 생각해 보겠습니다. 여기 양성자 두 개가 있습니다. 양성자는 플러스의 전하를 띠고 있는 입자로, 원자핵을 구성하는 요소 중 하나이지요.

양성자 양성자

 과학 시간에 배웠던 것 같아요!

 이 두 개의 양성자가 부딪쳐서 '융합하는' 것이 '핵융합 반응'입니다. 이때 상식적으로 생각하면 플러스와 플러스니까 서로 접근하면 강한 반발이 일어나겠지요?

 자석의 N극과 N극, S극과 S극처럼 반발한다는 말씀이시군요. 그런데 그게 터널 효과와 무슨 관계가 있나요?

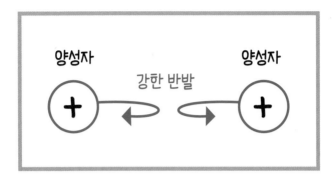

 그러니까, 양성자와 양성자가 부딪치기 위해서는 이 반발에서 생겨나는 거대한 에너지의 벽을 넘어야 한다는 이야기입니다.

 앗, 그렇군요!

 이 에너지의 벽을 정말로 뛰어넘으려면 수백억 도나 되는 상상하기도 힘든 온도가 필요하다고 알려져 있습니다. 하지만 태양 중심부의 온도는 1500만 도로 추정되고 있습니다. 턱없이 부족한 온도이지요. 다시 말해, 상식적으로 생각하면 태양에서 핵융합 반응은 일어날 수 없어야 합니다.

선생님께서 무슨 말씀을 하고 싶어 하시는지 어렴풋이 이해되기 시작했어요!

◎ 양성자와 양성자가 '투과'해서 부딪친다

 에리 씨도 점점 양자의 세계에 빠져들고 계시는군요. 여기에서 말하는 '상식적으로 생각하면'은 '고전적인 물리학의 관점에서 생각하면'이라는 의미입니다. 즉 양자 세계의 물리학인 '터널 효과'를 생각하면 이 문제를 해결할 수 있지요.

 터널 효과가 있으면 양성자와 양성자가 서로 충돌할 수 있다는 말씀이시군요!

 그렇습니다. 좀 더 정확히 말하면 어떤 확률로 양성자와 양성자가 충돌합니다.

 양자 역학은 전부 미시 세계의 이야기라고만 생각했는데, 이런 굉장히 거대한 현상까지도 설명할 수 있네요….

제5장

'불확정성'이란
무엇일까?

LESSON 10

슈테른-게를라흐 실험①

◎ 전자의 '스핀'이란?

 이번에는 양자 역학의 '불확정성'에 관해 소개해 드리겠습니다.

 또 평범하지 않은 말이 나왔네요….

 오른쪽 페이지의 그림을 봐 주십시오. 전자를 그린 것입니다.

 뭐랄까, 화살표 같은 것이 그려져 있네요?

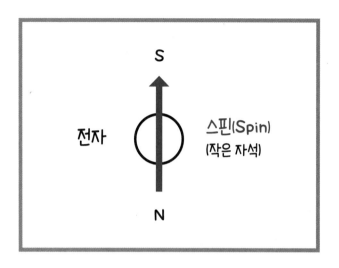

 그렇습니다. 이 화살표는 자석의 N극에서 S극으로 향하는 방향을 나타낸 것입니다.

 전자에 자석이 있나요?

 네. 전자는 각각 작은 자석 같은 성질을 지니고 있지요. 그 특징을 '스핀'이라고 부릅니다.

 귀여운 이름이네요!

자세한 설명은 생략하겠습니다만, 사실은 '스핀'이야말로 물질이 띠는 자성(磁性)의 기원이랍니다!

 네?

◎ 전자의 스핀을 조사하는 실험

 그러면 오른쪽 페이지의 그림과 같은 실험을 생각해 보겠습니다. 슈테른−게를라흐 실험이라고 불리는 실험을 단순하게 그린 것입니다. 왼쪽에서 스크린을 향해 전자를 쏩니다. 그리고 그 중간에 자석을 놓아서 전자가 지닌 스핀의 방향에 따른 힘을 받도록 장치해 놓습니다.

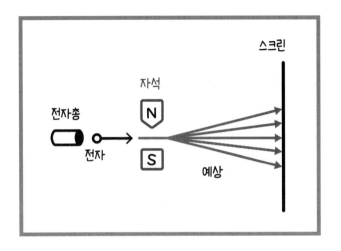

 그렇군요! 큰 자석으로 작은 자석이 휘어지게 만든 것이라고 생각하면 되겠네요. 그런데 '스핀의 방향에 따른 힘'이란 건 뭔가요?

 가령 완전히 위를 향하고 있다면 위쪽으로 한층 강해지고, 아래를 향하고 있다면 아래쪽으로 한층 강해지는 식입니다.

 옆을 향하고 있다면 어떻게 되나요?

 그럴 경우는 딱 중립이니까 상하 방향으로 힘을 받지

107

않고 그대로 직진합니다.

그렇군요! 화살표의 방향이 어느 쪽으로 기울어져 있느냐가 중요하네요!

◎ 전자의 진로가 두 가지로 나뉜다

그렇다면 이 장치로 전자를 많이 쏘았을 때 스크린의 어떤 위치에서 전자가 많이 관측될까요?

다양한 방향의 스핀을 가진 전자가 있을 테니까, 다양한 방향으로 흩어질 것 같아요!

물리적으로는 타당한 예상입니다!

그렇게 말씀하신다는 건, 예상과는 다른 일이 일어나나 보네요?

에리 씨, 감이 날카로워지셨네요! 이 실험에서는 매우 재미있는 일이 일어납니다. 앞 페이지의 그림을 예로 말씀드리면, 전자가 위와 아래의 두 곳에만 도달한다는 결과가 나온답니다.

네? 그게 무슨 말씀이신가요?

아래 그림처럼 위쪽의 선과 아래쪽의 선만 생겼다는 말입니다. 무슨 일이 일어났느냐 하면, 완전히 위를 향하는 스핀과 완전히 아래를 향하는 스핀의 두 가지만 나온 것이지요. 다시 말해 그 중간의 스핀 같은 것은 스크린에 나타나지 않았습니다.

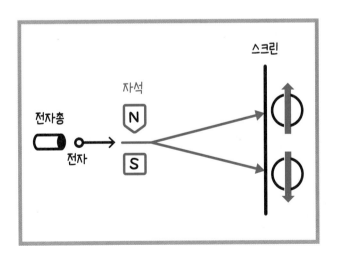

여기에서도 또 일반적인 물리학의 관점과는 다른 결과가 나왔네요! 그런데 만약 이 자석 장치를 위아래가 아니라 좌우 양옆에 놓는다면 어떻게 될까요?

 에리 씨, 날카로운 질문입니다. 그럴 경우에도 전자가 좌우의 두 곳에서만 검출되는 결과가 나온답니다.

 신기하네요….

슈테른-게를라흐 실험②

◎ '스핀 관측 장치'를 통해서 알게 된 것

 결국 앞의 실험에서는 무엇을 알 수 있었나요?

 전자는 스핀의 방향을 측정하면 두 가지 결과만을 돌려준다는 것입니다. 이 두 가지의 스핀을 '업스핀'과 '다운스핀'이라고 부릅니다. 이 실험에서는 측정하고 있는 방향에서 위를 향하느냐 아래를 향하느냐에 따른 결과이지요.

 기억하기 쉬운 명칭이네요!

바꿔 말하면, 이 장치는 전자의 스핀이 업스핀이냐 다운스핀이냐를 판정하는 기능을 갖고 있다고 할 수 있습니다. 이 관측 장치를 조합하면서 '불확정성'에 관해 생각해 보겠습니다.

 여기에서도 '관측'이 중요하군요.

◎ '스핀 관측 장치'를 조합한다

 이번에는 중간에 배치하는 자석을 z축 방향으로 놓아 z축 방향의 스핀을 관측하는 장치로 사용하겠습니다.

 z축 방향이 뭔가요?

 지금까지 그려 온 그림의 자석 방향이 z축 방향이라고 생각하시면 됩니다. 이 경우, 옆으로 쓰러트렸을 때가 x축 방향이 되지요.

 z가 위아래이고 x가 좌우라고 생각하면 될까요?

그렇습니다. 이번 실험에서는 전자 한 개를 그림의 왼쪽에서 발사해 최대 두 개의 관측기를 통과시킵니다. 이것을 수없이 반복하면서 그 결과를 기록해 나가지요. 여기에서는 z축 방향으로 스핀이 위를 향하는 전자를 'z+', 아래를 향하는 전자를 'z−'라고 표시하겠습니다.

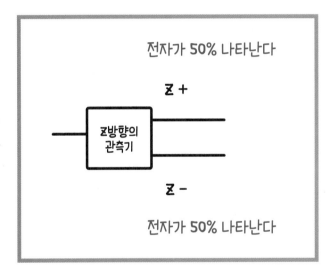

전자가 **50%** 나타난다

Z +

z방향의 관측기

Z −

전자가 **50%** 나타난다

 먼저 첫 번째 관측기를 통해서 z방향의 스핀을 측정하면, 전자가 z+와 z−의 방향에 50퍼센트씩 나타납니다.

 여러 가지 전자를 준비하면 분명 그렇게 되겠네요.

그러면 다음에는 z+로 나온 전자를 다시 한번 'z방향의 관측기'에 통과시켜 보겠습니다.

 그게 의미가 있나요? 이미 'z+'였던 전자잖아요? 다시 한번 측정해도 전부 'z+'로 나올 것 같은데?

 결과는 말씀하신 대로입니다. 100퍼센트의 전자가 위쪽에서 검출, 즉 'z+'로 관측되지요.

 역시 그렇군요! 당연한 결과예요!

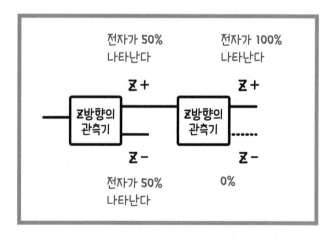

LESSON 12

양자 역학의 '불확정성'

◎ 방향을 바꿔서 계속 측정한다

 지금까지는 직감과 별 차이가 없었습니다. 그러면 다음 에는 관측기의 방향을 바꿔서 계속 측정해 보겠습니다.

 z방향뿐만 아니라 x방향도 측정한다는 말씀이신가요?

 그렇습니다. 먼저 z방향의 관측을 실시합니다. 그러면 50퍼센트는 'z+'로 나오겠지요?

 네, 맞아요!

이어서 그 전자들을 'x방향의 관측기'에 통과시킵니다. 그러면 어떻게 될 것 같나요?

 네? 이미 '$z+$'였으니까 '$x+$'도 '$x-$'도 아니지 않나요?

 단순히 x방향의 스핀만을 측정한 실험을 떠올려 보세요. 이때 전자는 반드시 좌우 방향, 그러니까 '$x+$'와 '$x-$'만의 결과를 돌려줬지요?

 생각해 보니 그러네요. 그렇다면 어떻게 되려나….

 사실은 이때도 '$x+$'와 '$x-$'에서 50퍼센트씩 전자가 나타난답니다.

 네? 정말인가요? 신기하네….

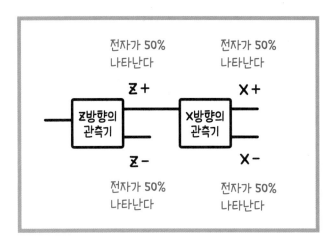

전자가 50%
나타난다

전자가 50%
나타난다

Z +

X +

Z방향의
관측기

X방향의
관측기

Z −

X −

전자가 50%
나타난다

전자가 50%
나타난다

그러면 이번에는 더 신기한 생각이 들도록 만들어 드리지요. 여기에서 'x+'로 나온 전자를 다시 'z방향의 관측기'에 통과시키면 어떤 결과가 나올까요?

모두 합쳐서 세 번이나 관측기를 통과시켰네요. 하지만 처음에 z방향을 관측했을 때 'z+'였으니까 다시 한번 측정해도 역시 'z+'이지 않을까요?

결과는 놀랍게도 'z+'와 'z−'의 전자가 50퍼센트씩 나타난답니다.

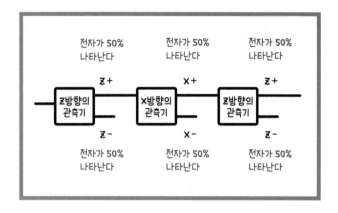

◎ 정보가 상실되었다

 네? 연속해서 z방향을 측정했을 때는 100퍼센트 z+였는데, 다른 방향의 관측을 한 번 끼워 넣으면 결과가 달라진다고요?

 말씀하신 대로입니다.

 왜 이런 일이 일어나는 건가요?

 이것은 'x방향의 관측을 통해 z방향의 스핀 정보가 상실되었다'라고 생각할 수 있습니다.

또 '정보'라는 키워드가 나왔네요….

 그렇습니다. '정보'라는 것은 그만큼 양자 역학에서는 본질적인 개념이지요. 사실 이번 실험에서 가장 기억해야 할 포인트는 z방향과 x방향의 스핀이 동시에 확정되지 않는다는 것입니다. 양자 세계의 이런 성질을 '불확정성'이라고 합니다.

◎ 주사위를 통해서 이해하는 '불확정성'의 감각

 동시에 확정되지 않는다?

 우리의 일반적인 감각으로는 '이 전자는 z방향으로 플러스이고 x방향으로 마이너스다'와 같이 두 개의 양이 확정된 것을 상상하기 쉬운데, 양자의 세계에서는 반드시 그런 것만 있지는 않다는 말입니다.

 어렵네요….

이번 실험에서 일어난 일을 설명해 드리겠습니다. 먼저 z방향의 관측을 통해 'z+'였던 전자는 분명히 z방향에 관해서는 +이므로 계속해서 z방향의 관측을 하면 반드시 'z+'라는 결과가 나옵니다.

하지만 이것은 x방향에 관해 아무것도 결정되지 않은 상태이기도 해서, x방향에 관해서는 +와 −의 상태가 반반씩 중첩된 상태가 됩니다. 실제로 x방향을 관측하면 결과도 반반이 되지요.

그리고 이 다음이 중요한데, 예를 들어 두 번째 관측에서 'x+'였던 전자는 그 시점에 z방향에 관해 아무것도 결정되지 않은 상태가 됩니다. +와 −가 반반씩 중첩된 상태가 되는 것이지요.

이런 일이 일어나는 이유는 'z+이면서 x+'와 같이 양쪽 방향의 스핀이 확정된 상태가 양자의 세계에서 용납되지 않기 때문이랍니다.

 설명을 들으니 머릿속이 더 혼란스러워졌어요(ㅜㅜ).

 그러면 주사위 이야기로 치환해서 이 현상을 감각적으로 이해해 보도록 하겠습니다.

주사위 이야기로 치환하면 이 현상을 이해할 수 있나요?

 주사위에는 모두 여섯 면이 있습니다. 먼저 에리 씨에게 1의 면을 보여드립니다. 주사위는 반대쪽 면과의 합계가 7이 되도록 만들어져 있으니까, 뒷면은 6임을 알 수 있지요.

 맞아요. 그건 저도 알고 있어요.

 이때 보여드린 면은 확실히 1입니다. 당연한 말이지만, 절대 6이 아닌 것이 명백하지요. 사실 이것이 z방향의 스핀을 관측했을 때 'z+'였던 전자를 생각하고 있는 상황에 해당합니다.

 분명히 'z+'이고 절대 'z−'는 아니다. 이런 건가요?

 바로 그겁니다. 그렇다면 이 주사위의 측면의 눈은 확실하게 예상할 수 있을까요?

 아니요. 1도 6도 아니라는 것만 알 뿐, 측면의 눈은 정확히 알 수 없어요.

그렇습니다. 2부터 5까지의 면일 가능성이 중첩되어 있다고 할 수 있지요. 이것이 'z+'인 전자의 x방향의 스핀에 관해 생각하고 있는 상황에 해당합니다. 그러면 다음에는 주사위의 방향을 바꿔서 측면의 눈을 보여드리겠습니다. 이번에는 3의 눈을 보여드렸다고 가정해 보지요.

네, 3의 눈이 보여요!

그렇다면 이때 측면의 눈은 어떻게 될까요?

으음…. 4의 눈이 아니라는 건 분명하지만, 그 밖에는 알 수 있는 것이 하나도….

그렇습니다. 이것이 x방향의 스핀을 관측한 결과 z방향의 스핀의 정보가 상실된 것에 해당한답니다.

뭔가 이해가 되는 것도 같아요!

주사위의 눈을 정면으로 향할 경우, 상대에게 보여줄 수 있는 면은 하나뿐입니다. 그리고 측면의 눈을 보여주려고 하면 지금까지 보이고 있었던 면의 정보는 사라집니다. '1이자 3이다'와 같이 두 면의 숫자가 동시에 확정되는 일은 일어나지 않지요. 이것이 바로 '불확정성'입니다.

 설마 주사위의 예를 통해서 양자 세계의 신기한 현상을 이해할 수 있으리라고는 상상도 못했어요!

◎ 위치와 속도의 불확정성

 사실 불확정성은 스핀에만 국한된 것이 아닙니다. 가장 친숙한 대상으로는 '위치'와 '속도(좀 더 정확히는 운동량)'가 있지요.

 그러고 보니 처음에 그런 이야기를 했던 게 기억나네요.

 즉 z방향과 x방향의 스핀처럼 한쪽이 정해지면 다른 쪽이 정해지지 않게 되는 관계가 위치와 속도 사이에서도 있다는 말입니다.

네? 그렇다면 "이곳에 있으면서 이 속도로 움직이고 있다"라는 말은 할 수 없는 건가요?

 바로 그겁니다. 일상적으로 눈에 보이는 것, 그러니까 고전적인 물리의 세계에서는 실감할 수 없는 일이지만, 아주 작은 양자의 세계에서는 '위치'를 알면 '속도'가 정해지지 않게 되고 마찬가지로 '속도'를 알면 '위치'가 정해지지 않게 된답니다.

 으악~! 제가 알고 있었던 세계가 점점 무너져 내리는 기분이에요…(진땀).

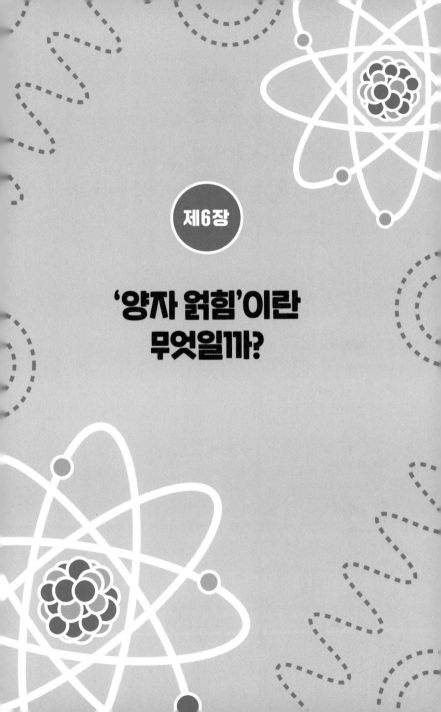

제6장

'양자 얽힘'이란
무엇일까?

LESSON 13

멀리 떨어져 있어도
보이지 않는 실로 이어진 관계

◎ 'A가 결정되면 B도 결정되는' 관계성

그러면 이번에는 '양자 얽힘'에 관해 소개해 드리겠습니다.

양자 얽힘이요? 들어 본 적이 있는 것도 같고 없는 것도 같고….

어쩌면 텔레비전이나 신문에서 본 적이 있을지도 모르겠네요.

그 '양자 얽힘'이란 건 대체 뭔가요?

대략적으로 설명하면, 양자 얽힘은 '한쪽의 상태가 확정되면 다른 쪽의 상태도 확정되는 관계'를 가리킵니다.

 선생님, 좀 더 이해하기 쉽게 설명해 주세요!

 그러면 이해를 돕기 위해 다시 '스핀'을 사용해서 설명해 드리겠습니다. 이번에는 '스핀 0'인 입자를 생각합니다.

 스핀이 0이라구요?

 자석이 되지 않아서 화살표의 방향이 없는 상태의 입자를 뜻합니다.

 그런 것도 있군요!

 이 입자가 어떤 이유로 분열했다고 가정하겠습니다. 그렇게 되면 두 개의 입자가 나오는데, 본래 스핀을 가지고 있지 않더라도 분열 후의 입자는 스핀을 갖고 있는 경우가 있습니다. 하지만 그 경우 반드시 둘이 서로를 상쇄하는 스핀의 조합이 되지요.

서로를 상쇄한다?

 그러니까 화살표의 방향이 정반대가 되는 관계입니다. 가령 한쪽이 'z+'라면 다른 한쪽은 'z−'인 식이지요. 이 것을 각운동량 보존의 법칙이라고 합니다.

 화살표에도 '보존의 법칙'이 있군요!

 그렇습니다. 하지만 이들 스핀의 방향은 실제로 관측하 지 않으면 알 수 없습니다. 다양한 방향의 가능성이 중 첩된 상태에 있기 때문이지요.

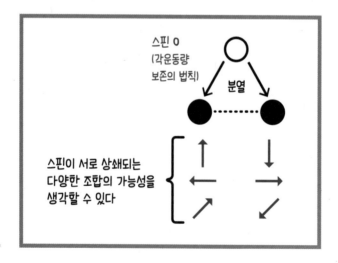

이젠 친숙해진 '관측하기 전까지는 결정되지 않는' 상태로군요!

◎ '양자 얽힘'이란 무엇인가?

 그러면 분열되어서 나온 입자 중 한쪽의 스핀을 측정해 보겠습니다. 가령 여기에서는 그것을 'z+'라고 가정하겠습니다. 이 경우, 다른 쪽 입자 스핀의 z방향을 측정하면 어떻게 될 것 같은가요?

 네? 아까 선생님께서 말씀하셨듯이, 무슨 보존의 법칙에 따라 'z-'가 되는 것 아닌가요? 화살표의 방향이 정반대일 테니까요.

 무슨 보존의 법칙이 아니라 '각운동량 보존의 법칙'입니다(︶). 어쨌든, 에리 씨께서 말씀하신 대로입니다. 이 경우 다른 쪽은 반드시 'z-'라는 결과가 나오지요.

 이번에는 신기한 일이 일어나지 않았네요!

일단은 그렇게 생각되실 겁니다. 그러면 이번에는 분열된 뒤의 입자가 아주 멀~리 떨어져 있는 상태를 생각해 보겠습니다. 이를테면 서로 다른 별에 있다고 생각해도 무방합니다.

 갑자기 규모가 무지막지하게 커졌네요(ᵕ)!

 이럴 때는 조금 심하게 과장해도 괜찮습니다(ᵕ). 한쪽 입자의 스핀 방향이 확정되었을 때, 다른 쪽 입자의 스핀 방향은 아무리 멀리 떨어져 있다 해도 각운동량 보존의 법칙을 만족시키는 형태로 확정되어 버린답니다.

 뭔가 점점 신기해졌어요….

 그렇습니다. 가까운 곳에 있다면 어떤 영향을 받는 것이 자연스러운 일이지만, 이 현상은 아무리 멀리 떨어져 있더라도 일어납니다. 이런 것을 물리학에서는 '비국소적 상관관계'라고 합니다. 아무리 멀리 떨어져 있어도 보이지 않는 실로 이어져 있는 것 같은 관계이지요. 이것이 바로 '양자 얽힘'이랍니다.

아무리 멀리 떨어져 있어도 보이지 않는 실로 이어져 있

다고 생각하니 갑자기 로맨틱해졌어요!

제7장

양자 역학을 이용한
신기술

LESSON
14

양자 컴퓨터

◎ 화제의 '양자 컴퓨터'란?

 와~, 양자 역학의 세계에서는 정말 신기한 일이 잔뜩 일어나네요! 그런데 가능성의 중첩이라든가 불확정성 같은 게 대체 무슨 쓸모가 있는 건가요?

 사실은 차세대 컴퓨터나 통신 기술 같은 분야에서도 양자 역학을 응용하기 위해 시도하고 있답니다.

 네? 우리 생활과 굉장히 가까운 분야잖아요!

 그렇습니다. 에리 씨는 '양자 컴퓨터'라는 말을 들어 본

적이 있다고 하셨죠?

네! 뉴스에서 들어 본 것 같아요!

그러면 조금 자세히 설명해 드리겠습니다. 기존의 일반적인 컴퓨터는 지금부터 '고전 컴퓨터'라고 부르도록 하겠습니다. 고전 컴퓨터는 비트라고 하는 '0'과 '1'을 조합해 다양한 것을 인식합니다. 가령 '01001101'이나 '11010010001' 같은 숫자의 열을 인식할 수 있지요.

네. 그 정도라면 저도 들어 본 적이 있어요.

물론 0과 1을 컴퓨터가 정말로 이해하고 있다기보다는 어떤 물리적인 실체의 온, 오프를 0과 1이라고 부르는 것입니다.

그렇군요. 그런데 양자 컴퓨터는 고전 컴퓨터와 뭐가 다른가요?

양자 컴퓨터는 '양자 비트'라는 것을 이용합니다.

양자 비트요?

 전자의 스핀을 떠올려 보세요. 0을 업스핀, 1을 다운스핀에 대응시키면 '0과 1의 가능성이 중첩된 상태'를 실현할 수 있지요. 이것이 양자 역학의 특징입니다.

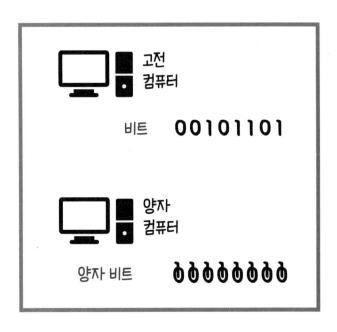

 '0'일지도 모르고 '1'일지도 모른다는 말인가요?

그렇습니다. 이 '0'과 '1'의 중첩이야말로 양자 컴퓨터의 가장 큰 특징이랍니다.

 아하, 그렇구나! 다양한 가능성을 갖고 동시에 여러 가지를 처리할 수 있으니까 계산이 빨라지는 거로군요?

 가장 단순하게 말하면 그렇지만, 실제로 결과를 이용할 때는 관측이 필요합니다. 또한 그 결과가 확률적으로만 돌아오기 때문에 그 상태로는 사용하기가 불편하지요.

 분명히 어떤 계산을 했는데 결과가 제각각이라면 도저히 쓸 수 없을 거예요….

 그래서 실제로는 복수의 가능성들을 적절히 조합해서 계산을 합니다. 가령 하나의 가능성을 좁히면 다른 가능성도 좁혀지는 식으로….

 아! 양자 얽힘!

 오늘 수업 중에서 가장 날카로우셨습니다! 바로 그겁니

다! 양자 컴퓨터는 '중첩'과 '양자 얽힘'을 이용함으로써 다양한 문제를 빠른 속도로 풀 수 있을 거라 기대되고 있답니다.

◎ '양자 컴퓨터'가 강점을 발휘하는 분야는?

 와! 선생님한테 칭찬 받았어! 오늘은 이대로 끝내도 될 것 같아요!

 아직 안 끝났으니 조금만 더 들어 주세요(^^)! 양자 컴퓨터가 어떤 문제든 빠르게 풀 수 있는 것은 아니랍니다. 양자 컴퓨터만이 빠르게 풀 수 있는 문제가 있지요.

 어떤 문제인가요?

 그중 하나가 '소인수 분해' 문제입니다. 에리 씨, 소인수 분해는 기억하고 계신가요?

 네? 갑자기 수학 이야기를 하시면…(진땀).

수를 소수(素數)의 곱으로 나타낸 것입니다. 예를 들면,

$$360 = 2^3 \times 3^2 \times 5$$

이런 식이지요.

 아! 이거라면 기억하고 있어요!

 이렇게 비교적 작은 숫자라면 쉽게 소인수 분해를 할 수 있지만, 큰 수를 소인수 분해하는 것은 굉장히 힘든 일입니다.

 일반적인 컴퓨터로는 어려운가요?

 큰 수의 경우는 컴퓨터한테 계산을 시켜도 어렵습니다. 거의 하나하나 대입해 보는 식으로 구하는 방법밖에 없 거든요.

 그런데 양자 컴퓨터라면 순식간에 풀 수 있다는 건가요?

양자 비트를 많이 사용하고 양자 얽힘을 효과적으로 이용한다면 고속으로 계산할 수 있는 방법이 알려져 있습니다. 좀 더 정확하게는 '계산 과정이 줄어드는' 것뿐이고, 물리적으로 빨라지게 하기 위해서는 아직 과제가 많이 남아 있답니다.

 그런데 소인수 분해를 빠르게 할 수 있는 게 중요한 일인가요?

 은행의 패스워드 같은, 현재 사용되고 있는 수많은 암호 방식이 소인수 분해를 이용하고 있습니다. 현대의 컴퓨터로도 풀기가 어렵기 때문에 소인수 분해를 이용하고 있지요. 그런데 고성능 양자 컴퓨터가 실현된다면 해독될 가능성이 높다고 합니다.

 그건 좀 무섭네요….

 어쨌든 양자 컴퓨터는 고전 컴퓨터에는 없는 다양한 기능을 숨기고 있을 가능성이 있기 때문에 국가적 차원에서 총력을 기울여 연구와 실용화를 진행하고 있답니다.

양자 전송

◎ '양자 얽힘'을 이용한
정보 전달 기술

 그리고 또 한 가지 소개드리고 싶은 것이 '양자 전송'입니다. '양자 텔레포테이션'이라고도 부르지요.

 텔레포테이션이요? 그게 실현되면 순간 이동 같은 걸 할 수 있게 되나요?

 텔레포테이션이라고 하면 누군가가 순식간에 다른 곳으로 이동하는 것을 상상하게 되지요. 다만 여기에서 말하는 텔레포테이션은 물리적인 전송이 아니라 정보의 전송, 그러니까 통신 기술을 말합니다.

정보의 전송이요?

네. '양자 얽힘'을 떠올려 보시기 바랍니다. 양자 얽힘에 서는 둘로 나뉜 입자의 스핀 중 한쪽이 확정되면 자동 으로 다른 한쪽의 스핀이 확정되었었지요?

네, 로맨틱한 관계였어요!

아무리 멀리 떨어져 있더라도 순식간에 영향을 끼치는 '비국소적 상관관계'라는 특징을 이용하는 것입니다.

오오….

◎ '앨리스와 밥'의 양자 통신

이 개념을 설명할 때 자주 사용되는 예를 소개해 드리 겠습니다. 다음 쪽의 그림을 봐 주세요. 여기에 앨리스 와 밥이라는 두 사람이 있습니다. 그리고 앨리스에게

'전송하고자 하는 양자 상태'가 있다고 가정하겠습니다.

 전송하고자 하는 양자 상태가 뭔가요?

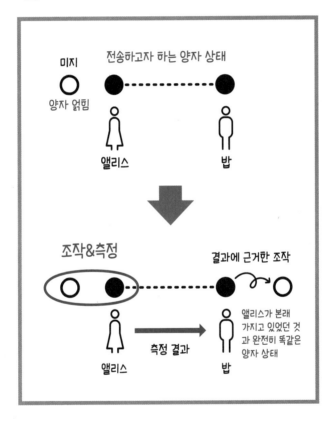

 예를 들면 업스핀의 확률이 70퍼센트이고 다운스핀의

확률이 30퍼센트와 같은 식으로 중첩된 상태를 생각해 주십시오. 하지만 이 상태는 앨리스도 알지 못하는, 말하자면 '잘 알지 못하지만 수중에 있는 상태'입니다.

네? 알지 못하는 상태로 가지고 있는 건가요? 조사하면 되잖아요!

그러고 싶지만, 실제로 측정해 버리면 어떤 상태로 확정되어서 중첩된 상태가 파괴되어 버리기 때문에 그럴 수가 없답니다.

그렇군요…. 양자의 세계도 편리하기만 한 것은 아니네요.

그리고 양자 얽힘의 관계에 있는 두 입자 A, B를 앨리스와 밥에게 하나씩 준 다음, 밥을 가급적 먼 곳으로 보내겠습니다.

이럴 때는 조금 심하게 과장해도 괜찮다고 하셨지요? 그러니 다른 별로 보내 버리자고요!

훌륭한 마음가짐이십니다(ᵔ)! 다음으로 앨리스는 '전송하고자 하는 양자 상태'인 입자와 양자 얽힘 관계에 있는 입자A에 어떤 조작을 한 다음 측정을 합니다.

 '어떤 조작'이 뭔가요?

 조금 어려운 내용이라 지금은 두 입자를 뭉개서 섞는 조작을 상상하는 것으로 충분합니다. 그런 다음 섞은 것을 측정해 결과를 얻습니다.

 두루뭉술한 설명이네요…(ᵔ).

 본질은 벗어나지 않는 범위에서 설명하고 있으니 안심하세요(ᵔ)! 그대로 측정해 버리면 '전송하고자 하는 양자 상태'인 입자의 중첩이 파괴되어 버리기 때문에 뭉개서 섞은 다음 그 입자의 정보를 어렴풋이 얻는 것이랍니다.

 중첩을 완전히 파괴하지 않기 위해 뭉개서 섞은 다음 어렴풋하게 들여다보는 것이군요. 양자란 아이는 참 섬세

하네요….

그렇습니다. 어쨌든 그 관측 결과를 밥에게 전화나 이메일로 보냅니다. 그리고 밥은 그 관측 결과에 맞춘 조작을 입자B에 하지요.

앨리스 쪽에서 나온 결과를 밥이 사용하는 것이군요.

맞습니다. 그리고 그 조작을 하면 놀랍게도 그 입자의 상태를 본래 앨리스가 가지고 있었던 '전송하고자 하는 양자 상태'로 만들 수 있지요.

◎ '양자 전송'의 본질은?

네? 밥이 가지고 있었던 입자가 앨리스가 가지고 있었던 입자와 똑같아진다고요? 그건 완전히 마법이잖아요!

앨리스가 실시한 관측의 결과 자체는 확률적이라는 것이 중요합니다. 하지만 그 결과에 맞춘 조작을 밥이 확실히 했다면 이 마법 같은 일이 실현되지요. 다만 이때

주의할 점이 있습니다. '전송하고자 하는 양자 상태'를 앨리스와 밥이 모두 가지고 있는 상황, 다시 말해 양자 상태를 복제하는 것은 불가능합니다.

 그렇다고 해도 앨리스의 입자는 아직 앨리스가 가지고 있잖아요?

 이미 조작과 관측이 실시되었기 때문에 본래의 그 상태가 아니게 되지요.

 말도 안 돼!

 앨리스의 수중에 있었던 정보를 '복제'하는 것이 아니라 밥에게 '전송'할 수 있는 것이 '양자 전송'이랍니다.

 그렇군요…. 한쪽이 파괴되고 다른 한쪽에서 부활하는 것이니까 분명히 전송이 되었다고 말할 수 있겠네요.

◎ '양자 전송'은 광속을 초월한다?

 그나저나, 아무리 멀리 떨어져 있어도 정보를 순식간에 보낼 수 있다면 빛의 속도보다 빠르게 전달할 수도 있지 않을까요?

 매우 날카로운 발상이기는 한데, 사실은 사람들이 자주 착각하는 지점이기도 합니다. 분명히 '한쪽이 결정된 순간 다른 쪽의 상태가 결정된'라는 양자 얽힘을 이용하기 때문에 언뜻 보면 초광속 통신이 가능할 것처럼 느껴지지요. 하지만 상대성 이론에 따르면 빛의 속도를 능가하는 정보 통신은 물리 법칙상 불가능합니다.

 네? 그렇다면 제가 뭔가를 간과한 건가요?

 지금까지 해 드렸던 이야기를 다시 한번 찬찬히 생각해 보세요. 양자 전송을 할 때 빛의 속도로 하는 작업이 있었지 않았나요?

 어, 뭐였더라…. 아, '전화나 이메일'이네요!

그렇습니다. 물리학에서는 그렇게 정보를 주고받는 것을 '고전 정보 통신'이라고 부르는데, 관측 결과는 그런 방법으로 전달할 필요가 있답니다.

그, 그런 맹점이….

맹점인지도 모르지만, 고전 정보 통신을 사용해야 하는 시점에 빛의 속도를 능가하는 정보 전달을 하는 것은 불가능해지는 것이지요.

◎ 인간도 '양자 전송'이 가능하다?

조금 아쉽네요~. 하지만 양자적인 정보를 멀리 떨어진 곳에 빠르게 전달할 수 있는 것은 맞지요?

그렇습니다. 인간도 기본적으로는 양자의 집합이기 때문에 양자 전송을 사용해 다른 장소에서 부활시킨다면 원리적으로는 정보의 전달을 통한 워프(Warp) 같은 초광속 순간 이동도 가능할지 모릅니다. 물론 그렇게까지 거대한 물체의 전송은 현실적으로 어려울지도 모르겠습니다만….

크기가 커지면 전송이 어려워지나요?

네. 애초에 크기가 크면 양자 상태를 제대로 유지하기가 어렵답니다. 하지만 최근에는 점점 커다란 크기의 전송에 성공하고 있고, 전송 거리도 길어지고 있습니다. 인간 정도 크기의 전송은 역시 꿈일지도 모르지만, 이런 실험을 거듭한 결과들을 양자 컴퓨터 등에서 계속 응용하고 있지요.

일상생활에서 '양자적인 효과'를 실감하지 못하는 이유

◎ 왜 양자적인 효과를 경험하지 못하는 것일까?

양자 세계에 관해서 여러 가지를 알게 되었어요! 그런데 일상생활에서 양자적인 사건을 경험하지 못하는 이유는 뭘까요? 무엇이든 깊이 파고들면 미시 세계로 구성되어 있잖아요?

그 의문에 관해 인류는 아직 모두가 수긍할 수 있는 해답을 찾아내지 못했습니다.

네? 아직 밝혀지지 않았군요… 역시 양자 역학이 틀린

것일지도?

양자 역학이 틀렸다기보다, 미시 세계의 물리 법칙이 거시 세계의 물리 법칙과 어떻게 연결되어 있고 그 경계는 어떻게 되어 있는지를 밝혀내야 하는 문제가 남아 있지요.

그게 어려운 문제군요….

전혀 알지 못한다기보다는 '그럴 듯한 해답이 많은' 상태라고 할 수 있을지도 모르겠습니다. 가령 자주 언급되는 해답 중 하나는 '양자적인 중첩이 주위 환경의 영향을 받아서 파괴되어 버린다'라는 것입니다.

양자는 섬세한 아이니까요….

그렇습니다. 거시 세계에서는 환경의 영향을 그대로 받지요. 우리 주변에는 다양한 물질이 있고, 그런 환경과 상호작용을 통해서 중첩이 순식간에 파괴되어 버리기 때문이 아닐까 생각되고 있지요.

그렇군요. 듣고 보니 분명 그럴지도 모르겠다는 생각이 들어요.

◎ 주의할 점

 하지만 최근에는 광학 현미경으로 볼 수 있는 크기에서까지 양자적인 중첩이 확인되고 있습니다.

 앗! 과학 실험에서도 사용한 적이 있는 그거네요!

 앞으로도 실험 기술이 진보하면 이른바 '눈에 보이는' 크기에서 양자적인 효과를 발견할 기회가 생길지도 모릅니다. 만약 그렇게 된다면 우리가 생각하고 있는 세계관이 어떻게 바뀌게 될지 참 흥미롭기도 하고, 조금은 두렵기도 하네요.

 과학이란 건 참 대단하네요….

 그렇습니다. 우리가 평범하게 살아가는 동안에는 양자역학의 지식이 일상생활에 그대로 활용되는 일은 거의 없을 겁니다. 오히려 미시 세계의 물리 법칙을 거시 세계인 '일상'에 억지로 적용하려는 것은 위험한 행동이라고 생각합니다.

하지만 양자 역학이 지금 우리가 살고 있는 세계의 진실에 가장 가까운 것만은 분명합니다. 에리 씨가 그 두근거림을 즐기면서 논리적인 사고력을 얻기 위한 재료로 삼아 주신다면 기쁠 것 같네요.

에리 씨, 오늘도 고생하셨습니다!

 다쿠미 선생님, 고맙습니다!

옮긴이 이지호

대학에서는 번역과 관계가 없는 학과를 전공했으나 졸업 후 잠시 동안 일본에서 생활하다 번역에 흥미를 느껴 번역가를 지망하게 되었다. 스포츠뿐만 아니라 과학이나 기계, 서브컬처에도 관심이 많다. 원서의 내용과 저자의 의도를 충실히 전달하면서도 한국 독자가 읽기에 어색하지 않은 번역을 하는 번역가, 혹시 원서에 오류가 있다면 그것을 놓치지 않고 바로잡을 수 있는 번역가가 되고자 노력하고 있다.

과학은 어렵지만

양자 역학을 알고 싶어

1판 1쇄 인쇄 | 2022년 6월 10일
1판 1쇄 발행 | 2022년 6월 16일

지은이 요비노리 다쿠미
옮긴이 이지호
감　수 전국과학교사모임
펴낸이 김기옥

실용본부장 박재성
편집 실용1팀 박인애
영업 김선주
커뮤니케이션 플래너 서지운
지원 고광현, 김형식, 임민진

디자인 푸른나무 디자인㈜
인쇄·제본 민언프린텍

펴낸곳 한스미디어(한즈미디어㈜)
주소 121-839 서울시 마포구 양화로 11길 13(서교동, 강원빌딩 5층)
전화 02-707-0337 | 팩스 02-707-0198 | 홈페이지 www.hansmedia.com
출판신고번호 제 313-2003-227호 | 신고일자 2003년 6월 25일

ISBN 979-11-6007-814-5　03400